전기
바이블

전기전공
면접편

김정욱·최종호 지음

 (주)도서출판 **성안당**

연탄재 함부로 차지 마라

너는 누구에게 한 번이라도 뜨거운 사람이었느냐.

「너에게 묻는다 – 안도현 시인」

저는 이 시를 참 좋아라 합니다.

간결한 내용 속에 사람의 심금을 울리는 그 무언가가 있기 때문입니다.

전기 바이블이라는 하나의 책을 쓰면서 저희도 그런 마음을 담고 싶었습니다.

부족함이 없을 수 있겠느냐만은

저희는 여러분과의 활자를 통한 만남이 곧 마음을 울리는 인연으로 이어지기를 소망합니다.

"혼자 가면 빨리 갈 수 있지만, 함께 가면 멀리 갈 수 있다"라는 말이 있습니다.

힘들고 어려운 시기에 당신들의 옆에서 응원하는 전기 바이블이 되겠습니다.

감사합니다.

김정욱, 최종호

국가직무능력표준(NCS)

| NCS란

국가직무능력표준(NCS : National Competency Standards)이란, 산업 현장에서 직무를 수행하기 위하여 요구되는 지식, 기술, 소양 같은 내용을 국가가 산업별, 수준별로 체계화한 표준이다.

| NCS 개념도

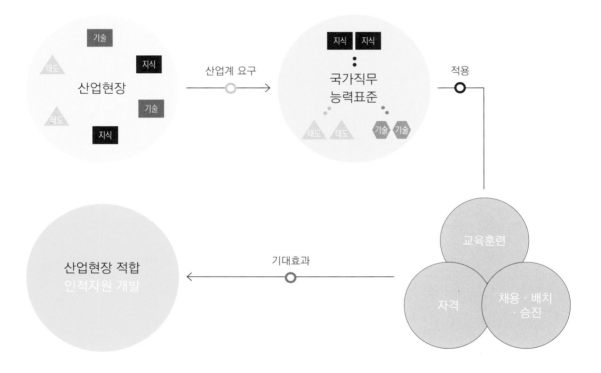

| NCS 직업기초능력 영역

※ 국가직무능력표준 분류도

직업기초능력 영역	하위능력
의사소통능력	문서이해능력, 문서작성능력, 경청능력, 의사표현능력, 기초외국어능력
수리능력	기초연산능력, 기초통계능력, 도표분석능력, 도표작성능력
문제해결능력	사고력, 문제처리능력
자기개발능력	자아인식능력, 자기관리능력, 경력개발능력
자원관리능력	시간관리능력, 예산관리능력, 물적자원관리능력, 인적자원관리능력
대인관계능력	팀웍능력, 리더십능력, 갈등관리능력, 협상능력, 고객서비스능력
정보능력	컴퓨터활용능력, 정보처리능력
기술능력	기술이해능력, 기술선택능력, 기술적용능력
조직이해능력	국제감각, 조직체제이해능력, 경영이해능력, 업무이해능력
직업윤리	근로윤리, 공동체윤리

| NCS의 구성

공기업·공공기관 기업별 구분

에너지·발전	한국전력공사, 한국가스공사(기술공사/안전공사), 한국동서/서부/남동/남부발전, 한국수력원자력 등
사회복지	국민건강보험공단, 국민연금공단, 건강보험심사평가원, 근로복지공단, 공무원연금공단, 한국산업인력공단 등
사회간접자본(SOC)	한국철도공사(코레일), 한국도로공사, 인천국제공항공사, 한국공항공사, (인천/부산)항만공사 등
토지·건설	한국토지주택공사(LH), 주택관리공단, 한국감정원, 한국국토정보공사 등
금융	신용보증기금, 중소기업은행, 한국산업은행, 금융감독원, 한국은행, 한국예탁결제원, 한국조폐공사, 주택금융공사 등
문화·예체능	대한체육회, 영상물등급위원회, 예술의 전당, 한국콘텐츠진흥원, 한국인터넷진흥원 등
농업	한국농어촌공사, 한국농수산물 식품유통공사 등
무역·관광	대한무역투자진흥공사(코트라), 한국관광공사, 한국문화관광연구원 등
건강의료	(서울/강원/경북/부산/충북)대학교병원, 국립암센터, 국립중앙의료원, 일산병원 외 각종 병원재단 등

NCS 및 학습모듈 검색

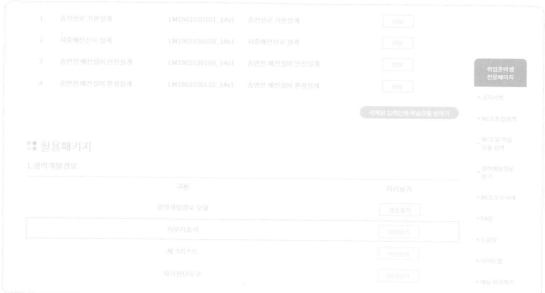

　국가직무능력표준(NCS) 홈페이지(https://www.ncs.go.kr)에서 NCS 및 학습모듈 검색을 통해 직무기술서를 찾아 이를 기반으로 자신의 경험과 역량으로 바꿔 정리하는 작업과 연습을 한다면 자기소개서 작성 뿐만 아니라 면접 전형에 이르기까지 해당 기관들이 제시하는 키워드를 중심으로 블라인드 채용에 활용할 수 있을 것이다.

이 책의 구성과 특징

공기업 채용 과정과 면접 대비 꿀팁을 제시하였습니다.

주요 공기업을 소개하고 전기 직무와 추진 사업, 기업 이슈 등을 설명하였습니다.

전기 직무 전공 면접에서 자주 출제되는 이론들을 제시하였습니다.

전기 직무 필수이론 외에 알아두면 도움이 될 만한 전기 상식을 정리하였습니다.

목차

PART 01 • 공기업 전기직 면접 길라잡이

Chapter 01 • 면접 대비

Chapter 02 • 기업 분석

PART 02 • 공기업 전기직 전공면접 필수이론

Chapter 04 · 전기기기

PART 03 • 알아두면 쓸모 있는 전기 상식 외

Chapter 01 · 전기 상식

전력계통의 의미, 고장전류 증가 원인 및 대책, SMP, CP, ESS, FR-ESS, 누진제, 유효전력-주파수 관계 및 무효전력-전압 관계, 중성선과 접지선, 사용전점검, 직접활선과 간접활선, 참새가 전선에 앉아도 감전이 일어나지 않는 이유, 고조파, 초전도 기술, 어댑터, 충전

Chapter 02 · 미래에너지

발전 에너지원 전망, 신재생에너지, RPS, REC, 스마트그리드, 마이크로그리드, 수소자동차, 전기자동차, P2G

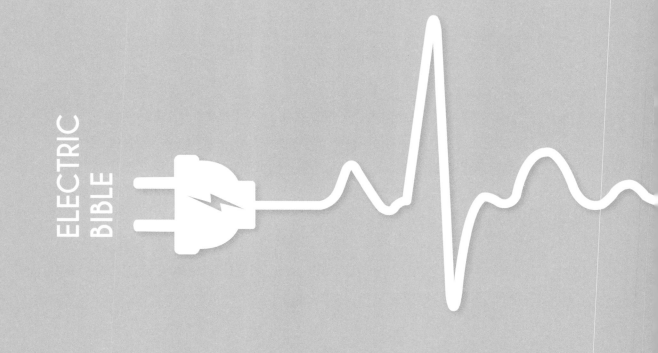

ELECTRIC
BIBLE

CHAPTER

01

면접 대비

⚡ 주요 Key Word

#공기업 채용   #전형별 특징

#공기업 프로세스   #면접 꿀팁

SECTION 1 공기업 채용 프로세스

일반적으로 공기업의 채용 프로세스는 다음과 같다.

1차		2차		3차		4차		
서류전형	▶	필기전형	▶	면접전형	▶	신체검사	▶	입사

1 서류전형

기업마다 서류전형은 상이하다. 제한조건이 없거나 최소한의 자격조건으로 PASS/FAIL 하는 곳이 있는 반면, 스펙을 정량화하여 일정배수로 합격시키는 곳이 있다.

자격 제한이 없거나 최소한의 자격만 갖추고 서류전형을 통과하면 필기전형을 치를 수 있는 곳은 한국가스공사, 한국남동발전, 한국서부발전, 한국도로공사, 한국수자원공사 등이다(2019년말 기준). 여기서 최소한의 자격은 그 조건이 토익 등 어학성적이 될 수도 있고, 기사자격증 이상이 될 수도 있으므로 채용공고에서 지원자격을 꼼꼼히 읽고 파악하여야 한다. **스펙을 정량화하여 일정배수로 서류전형에 합격시켜 필기전형을 치를 수 있는 자격을 주는 곳은 대표적으로 한국전력공사, 인천국제공항공사, 한국공항공사, 한국가스안전공사, 한국전기안전공사, 한국에너지공단 등이 있다.**

따라서 **본인이 목표로 정한 기업의 서류전형 조건이 무엇인지부터 자세히 알아보고 입사시험 준비의 방향을 잡고 대비**하는 것이 현명하다. 하지만 광범위한 기업의 서류전형을 통과하기 위해서라면 입사 준비 시 어학시험과 각종 자격증시험을 차근차근 준비해야 서류전형 합격에 큰 어려움이 없을 것이다.

2   필기전형

채용 프로세스 중에서 **가장 뚫기 어렵고 중요한 과정이 필기전형**이다. 먼저, 다음 참고자료를 살펴보자.

⊞ 필기시험 응시인원 대비 선발인원   ("공공기관 채용정보시스템(2019년도 기준)" 참고)

기업명	선발인원	응시인원	합격 비율
한국수력원자력 (전기전자 – 대졸수준)	42명	2,860명	1.5(%)
한국철도공사(코레일) (전기통신 – 일반공채)	590명	5,263명	11.2(%)
한국수자원공사 (전기, 기계, 전자통신)	82명	3,426명	2.4(%)
한국동서발전 (전기 – 대졸수준)	12명	1,339명	0.9(%)
한국도로공사 (전기 – 일반공채)	36명	1,395명	2.6(%)

위의 자료(⊞ 필기시험 응시인원 대비 선발인원)는 최소한의 자격조건으로 서류전형에 PASS/FAIL인 기업을 위주로 나타내었다. 서류전형에서 스펙을 정량화하여 일정배수만 필기전형을 보는 곳보다 다소 경쟁률이 높은 것을 알 수 있다. 한국철도공사(코레일)를 제외하고는 수치상으로 같은 시험장에서 1명만 면접으로 넘어갈 수 있는 현실 앞에 가슴이 답답하기도 할 것이다.

그러므로 채용 프로세스의 여러 과정 중 **필기전형에 많은 노력과 시간을 들여야 한다는 것은 중요**하며 어쩌면 현실적으로 당연한 이야기일 것이다. 시중의 전공 관련 여러 개념서와 문제집을 구입하여 여러 차례 읽고 해당 기업의 출제경향을 파악하여 필기시험에 대비한다면 어렵지 않게 시험합격의 영광을 맛볼 수 있을 것이다.

3   면접전형

높은 경쟁률을 뚫고 어려운 필기시험에 합격하면 면접이 기다리고 있다. 면접전형은 필기전형 합격자 발표 후 대략 1주일 후 내외로 진행된다. 경쟁률은 통상 2:1 내지 3:1 수준으로 형성되며, **크게 인성면접, 전공면접, 토론면접, 상황면접으로 구성**되어 있다.

인성면접에서는 **자기소개서 기반 사항과 지원자의 인성 및 성격적 특성 등을 종합한 평가**가 이루어지게 되는데, 자기소개서 기반 질문 외에는 어떤 질문이 나올지 전혀 예측할 수 없으며 정해진 정답이 있는 것도 아니다. 그러므로 평소에 본인이 어떤 경험과 활동을 했는지, 인턴 때나 이전 직장에서 근무하며 어떤 일을 주도적으로 했는지 등에 대한 전반적인 사항을 정리해 두고 예상질문을 최대한 많이 뽑아 연습해 본다면, 실제 면접 시 심사자의 질문에 적합한 내용을 충분히 어필할 수 있을 것이다.

전공면접은 **그동안 필기전형을 준비하며 접했던 내용들에 대한 이론과 개념 위주로 질문**을 받게 되며, **해당 기업이 추진하는 사업과 연관되는 전공**에 대해서도 물어볼 수 있으니, 그 부분도 염두에 두고 준비한다면 유비무환의 자세로 임할 수 있을 것이다.

토론면접은 5명 내외로 구성되어 주로 **한 가지 주제로 찬반토론을 진행**한다든지, **함께 아이디어를 공모하여 최종안을 도출해나가는 방식**으로 진행된다. 사회자를 선출하는 경우가 많으니 평소 리더의 성향이 강한 사람은 미리 마음의 준비를 하고 들어가는 것도 하나의 팁이라 생각한다.

상황면접은 주로 **특정 주제에 대해서 혼자 발표를 하는 방식**으로 진행된다. 학교에서 한 번씩 해봤던 PPT 발표라 생각하면 된다. 상황면접을 보기 전 글을 논리적으로 구성해보는 연습과 발표 연습을 틈틈이 한다면 도움이 될 것이다.

필기시험을 어렵게 보고 올라온 만큼 면접에서 떨어지면 그만큼 낙심이 클 것이다. 필기전형에서 50:1을 뚫고 힘들게 올라왔는데 경쟁률이 높아 봐야 3:1인 면접에서 떨어지니 그럴 수밖에 그렇기 때문에 필기시험을 어느 정도 준비한 후부터는 조금씩 전공면접도 병행하여 준비해야 한다. 그래야 최종합격의 기회가 가까이 다가왔을 때 이를 놓치지 않고 꽉 붙들 수 있을 것이다. 부디 그 기회를 한 번에 꼭 잡길 바란다.

4 신체검사

대부분 신체검사는 입사를 위한 형식적인 간단한 절차에 불과하다. 하지만 혈압 또는 콜레스테롤 수치로 인해 재검을 받게 되거나, 간혹 몸 관리를 제대로 하지 못해 건강상 이유로 어려운 입사 전형에 다 통과하고 입사를 못 하는 경우가 발생할 수도 있다. 그러므로 면접에서 합격했다 하더라도 끝까지 긴장의 끈을 놓지 말고 신체검사도 철저히 준비하길 바란다.

완전한 합격 소식을 들을 때까지 술과 야식은 가급적 적당히! 운동은 꾸준히!!

SECTION 2 면접 꿀Tip!

1 인성면접

(1) 자기소개서의 내용은 반드시! 한 번 더! 숙지하고 가세요!

자기소개서는 말 그대로 본인을 소개하는 글이다. 자신이 자기소개서에 무슨 내용을 썼는지는 당연히 알고 가야 한다. 자기소개서 항목뿐 아니라 경험, 경력사항, 교육사항도 기입했다면 대비를 철저히 해야 한다. 저자의 경우 **지원한 각 기업마다 상이하게 제출한 자기소개서의 경험, 경력사항, 교육사항에 대한 내용을 캡처하여 저장**을 해놓았다. **기업에 따라 자기소개서 제출 후 열람이 불가능한 곳이 있기 때문**에 나중에 막상 어떤 사항을 기입했는지 기억이 나지 않는 불상사가 발생할 수 있다. 그러므로 자기소개서에 기입되는 모든 사항을 지원하는 기업에 따라 따로 저장하여 보관하는 습관을 들이면 좋다.

(2) 최근 이슈(사회적 이슈+기업 이슈)**는 반드시 알고 갑시다!**

면접을 보는 시기에 맞춰 한창 사회적 이슈가 되고 있어 사항들을 정리하여 숙지하고 면접에 임하는 것이 좋다. 예를 들면, 코로나 바이러스가 우리 사회에 미치는 영향이라든지, 한국에 대한 일본의 수출규제 및 백색국가 제외 방침, 기타 등등. 업무나 전공과 상관없더라도 그 시기의 사회적 이슈에 대해서는 뜬금없이 물어볼 수 있는 여지가 있어서, 저자도 많이는 아니지만 중요한 몇 가지는 준비했던 기억이 난다.

해당 기업의 이슈의 경우에는 반드시 알고 가야 한다. 그 기업에 대한 자신의 애정과 남다른 관심을 충분히 어필할 수 있기 때문이다. 한국가스공사를 예로 들면, 최근 한국가스공사는 개별요금제를 시행하게 되었다. 가스공사에서 직원으로 일하기 위해 면접을 보러 간다면 왜 가스공사가 개별요금제를 시행하게 되었으며, 이 요금제가 한국가스공사, 더 나아가 국가와 국민에게 어떤 영향을 미치는지 정도는 당연히 알고 가야 한다고 생각한다. 비유가 적절한지 모르겠으나 이성친구를 사귈 때 좋아하는 사람의 사소한 것 하나라도 더 관심을 갖고, 이해하려 노력하면 상대방에게 더 호감을 사게 되는 것과 마찬가지라 생각하면 될 것 같다.

(3) 자세는 단정하게, 제스처는 적절히, 목소리는 적당히 크게!

면접은 하나의 연극이라 생각한다. 본인의 생각을 정리하여 면접관(청중)에게 정확하고 명쾌하게 말하고 이를 통해 평가받는 자리니까 말이다. 이왕 연극하는 거 '보기 좋은 떡이 먹기도 좋다.'는 말처럼 외모는 단정하게 하고 들어가자. 머리는 깔끔하게 정리하고, 면접에 적절한 복장과 신발도 신중히 선택하자.

그리고 면접스터디를 통해서나 거울을 보면서, 본인이 말할 때 **자신도 모르게 하는 좋지 않은 버릇(다리 떨기, 손 흔들기, 이상한 추임새 등)은 고치려고 노력**해야 한다. 저자는 급하게 말할 때 손을 자꾸 흔드는 버릇이 있어서 의식적으로 무릎에 붙여놓으려고 많이 애썼던 기억이 있다.

목소리는 기어가는 목소리보다는 적당히 크고 또렷한 소리가 좋다. 말하는 연습을 통해 주변 사람들에게 자신의 목소리에 대해 평가를 받는 것도 좋은 방법이다. 연륜 있으신 회사 선배님들은 상대방의 목소리를 통해 그 사람의 기운과 열정을 알 수 있다고 한다. 어차피 대답해야 되는 내용이라면 자신있게 크게 말하는 것이 당연히 좋지 않을까 싶다.

2 전공면접

(1) 기본적인 개념과 용어를 반드시 정리하세요!

면접을 다녀온 지인들과 이야기하다 보면 기본적인 용어에 대한 정의나 개념을 숙지하지 않아 면접에서 곤욕을 치렀던 경험을 종종 듣곤 한다. 지원자들은 어려운 필기시험(전공필기)에 합격하여 면접을 보러왔지만, 면접관들은 지원자들의 답변 속에서 제대로 알고 있는지를 한 번 더 확인하고 싶어 한다. 그래서 **전공내용에 관해 꼬리질문을 자주 하는데, 그러다 보면 가장 기본적**

이고 기초적인 것까지 물어보는 경우도 있다. 그렇지 않더라도 기본적인 용어와 개념에 대해서는 반드시 숙지하고서 면접에 임하자. 만약, 자계와 전계, 전압, 전위에 대해, 그리고 전압과 전위의 차이에 대해 자신 있게 말할 수 없다면 지금이라도 꼼꼼히 챙기길 바란다.

(2) 해당 기업에 적합한 전공지식을 더 집중적으로 공부하세요!

공기업의 경우에는 통상 필기 합격 발표 후 빠르면 1주, 늦으면 2주 내에 면접을 보게 된다. 1~2주 안에 그동안 보았던 광범위한 전공지식을 정리하고 기업 분석, 인성면접 대비 등을 마쳐야 한다. 시간은 한정적이기 때문에 이 기간에 시간을 효율적으로 사용하는 것이 필요하다. 「전기바이블 면접편」은 한국전력을 기준으로 삼았기 때문에 전공지식이 다소 광범위할 수 있다. 한국전력의 경우 송전, 변전, 배전 직무에 여러 전공지식이 필요하기 때문이다. 그렇기 때문에 지원자들은 **전반적인 전공내용을 숙지하되 자신이 지원한 해당 기업의 면접에 더 중요한 지식을 정리해 대비할 것**을 당부드린다. 예를 들면, 사기업 전기직에 면접을 보러 갈 경우에는 배전설비 보다는 수전설비 또는 전기기기(회전기) 등을 더 집중적으로 봐야 한다는 의미이다.

(3) 해당 기업의 추진 사업에 전공지식을 어떻게 활용할지 공부하세요!

기본적인 전공공부 외에도 반드시 해야 할 것이 있다면 **해당 기업이 현재 어떤 사업을 추진하고 있으며, 미래 먹거리 사업은 어떤 것들이 있는지에 대한 조사**이다. 가령 한국전력은 현재 HVDC(High-Voltage, Direct Current) 사업을 추진하고 있다. 그렇다면 HVDC가 무엇인지, 기존의 AC(Alternating Current, 교류) 방식에서 왜 지금은 DC(Direct Current, 직류) 방식을 사용하는지, AC와 DC의 차이는 무엇인지, 현재 사업이 어디까지 진행되었는지 등을 조사하고 분석까지 해보아야만 좋은 결과를 기대할 수 있다. 지금까지 **본인이 공부했던 내용들이 기업에 어떻게 기여할 수 있는지를 강력하게 어필**하길 바란다.

3 토론면접/상황면접

토론면접의 경우 저자는 인성면접과 전공면접에 비해 혼자가 아니어서 상대적으로 재미있게(?) 임했다. 토론면접의 취지는 상대방과의 의견 공유를 통해 최선의 답안을 만들어내는 것이라 생각한다. 먼저 **상대방의 의견을 존중하고 경청하는 자세**를 보여주어야 한다. 그리고 정답이 없기 때문에 **의견 전달과정에서 논리적으로 본인의 의견을 피력하는 것이 가장 중요**하다. 결국 협력적

사고를 통해 최종결과를 도출해내는 과정을 평가한다고 생각하면 된다. 그러므로 기회가 된다면 면접스터디에서 조원들과 토론의 자리를 마련해보는 것이 실전경험을 쌓는 데 큰 도움이 될 것이다.

여기서 '사회자를 하면 플러스 요인이 될까?'라는 고민을 할 수도 있는데, 이 또한 정답은 없는 것 같다. 저자의 경우 사회자가 아닌 일반 팀원으로서 두 군데 기업의 토론면접에 참여했지만 두 군데 모두 합격했던 경험이 있다(그때 사회자를 했던 친구들도 모두 합격했는데, 그 친구들의 언변이 좋았기 때문에 사회자 역할이 좋은 영향을 미쳤는지에 대해서 정확하게 판단하지는 못하겠다.) 본인의 성향과 역량에 따라 사회자를 할지 말지를 결정하면 될 것 같다. 본인의 성향이 내성적인데도 불구하고 사회자를 맡았다가 토론을 주도적으로 이끌지 못하고 우물쭈물 진행한다면 오히려 마이너스가 될 것이기 때문이다.

그리고 **토론면접에 들어가기 전에 해당 기업이 추진하거나 진행하고 있는 사업과 직무에 대해 알고 간다면 다소 도움**이 될 것이다. 사업 및 직무와 무관한 주제가 던져질 수도 있지만, 관련 있는 내용의 주제가 주어질 확률이 더 높기 때문이다.

또 하나의 팁을 드리자면 저자의 경우 상대방의 말을 들으며 그 사람이 무슨 말을 하는지 짧게 요약하여 메모한 후 다음 순서에 내가 발표할 내용들을 정리하여 적었다. 상대방을 쳐다보고는 있지만 머릿속으로는 내가 발표할 내용들을 미리 준비해야 한다. 결국엔 본인의 발언시간에 내가 말하는 내용이 더 중요하기 때문이다.

상황면접의 경우에는 주로 특정 주제에 대한 1page 보고서를 만들어 혼자 발표하는 방식으로 진행된다. 주어진 자료에서 문제점, 해결방안, 논리적 근거, 배경지식 등을 총망라하여 작성하고 발표하는 방식이다. 그런 의미에서 **상황면접을 앞두고 있다면 해당 기업의 이슈 또는 사회적 이슈 등에 대한 신문기사를 본 후 요약하고 정리하는 연습**을 미리 해 두는 것이 좋다.

면접 기출 및 예상질문 리스트

"인성면접"과 "전공면접"에 대해 필수적으로 준비해야 할 리스트를 정리하였다. 사실 전공면접의 경우에는 모든 과목에 대해 철저하게 준비해가는 것이 가장 좋은 대비 방법이다. 하지만 시간적 한계로 모든 과목에 대해 준비할 수 없는 경우를 대비하여 주요 세 기업(한국전력공사·5대 발전사·한국가스공사)에 대한 리스트를 작성하였으니 참고하길 바란다.

인성면접

- 1분 자기소개를 해보세요.

- 입사 지원동기와 그 직무를 선택한 이유에 대해 말해보세요.

- 도전적으로 목표를 이뤄냈던 경험에 대해 말해보세요.

- 학교 또는 이전 직장에서 어떤 프로젝트를 수행하였으며, 본인이 맡은 역할은 무엇이었는지 말해보세요.

- 학교 또는 이전 직장에서 팀워크를 발휘하여 성과를 낸 경험에 대해 말해보세요.

- 창의적인 아이디어를 통해 기존의 방식을 탈피했던 경험이 있으면 말해보세요.

- 실패했던 경험을 설명하고, 이를 극복하기 위해 어떤 노력을 했는지 말해보세요.

- 인턴 또는 이전 직장에서 경험했던 업무는 무엇이며, 그 경험이 우리 회사의 어떤 부분에 기여할 수 있나요?

- 이직 사유는 무엇인가요?

- 조직을 잘 이끌어 나가기 위해 구성원에게 필요한 역량은 무엇이라고 생각합니까?

- 갈등을 겪었던 경험과 이를 해결하기 위해 어떤 노력을 했는지 말해보세요.

💬 본인 성격의 장단점에 대해 말해보세요.

💬 본인의 취미와 특기는 무엇입니까?

💬 책은 얼마나 자주 읽으며, 최근에 읽은 책에 대해 말해보세요.

💬 존경하는 인물은 누구입니까?

💬 입사 후 어떤 일을 하고 싶은가요? (입사 후 포부)

💬 윤리란 무엇이라 생각하며, 본인이 생각하는 직업적 윤리관에 대해 말해보세요.

💬 우리 회사가 왜 당신을 뽑아야 합니까? (본인의 강점)

💬 학교 수업 중에 가장 좋아했거나 기억에 남는 과목은 무엇입니까?

💬 본인이 속해본 조직에는 어떤 것이 있으며, 그 조직에서 본인의 역할은 무엇이었습니까?

💬 마지막으로 할 말이 있으면 해 보십시오.

🎯 전공면접

01 한국전력공사 대비

전자자기학

💬 전하, 전자, 전압, 전위, 전계, 자계에 대한 개념을 아는 대로 설명해보세요.

💬 쿨롱의 법칙, 가우스 정리, 앙페르의 오른나사 법칙, 플레밍의 왼손/오른손 법칙, 전자유도 법칙(패러데이 법칙)에 대해 설명해보세요.

💬 와전류현상과 표피효과에 대해 설명해보세요.

전력공학

💬 선로정수, 연가, 복도체, 승압효과, 가스절연변전소(GIS ; Gas Insulated Substation), 접지에 대해 설명해보세요.

💬 페란티 현상, 코로나 현상, 유도장애에 대한 설명과 해결대책에 대해 말해보세요.

💬 조상설비란 무엇이며, 조상설비에는 어떤 것들이 있습니까?

💬 중성점접지방식, 변압기결선방식, 상전압과 선간전압의 개념과 식에 대해 아는 대로 설명해보세요.

💬 수변전설비에는 어떤 것들이 있으며, 그 설비에 대한 역할도 함께 말해보세요.

💬 수용률, 부등률, 부하율에 대해 설명해보세요.

💬 직류와 교류 방식의 장·단점을 비교하여 설명해보세요.

💬 예비전원의 종류에 대해 아는 대로 설명해보세요.

전기기기

💬 발전기, 전동기, 변압기의 동작원리를 설명해보세요.

💬 발전기와 전동기의 구조에 대해 아는 대로 설명해보세요.

💬 회전자계, 슬립, 변압기 손실, %Z에 대해 설명해보세요.

회로이론

💬 전하, 전류, 전압, 저항, 전력, 전력량, 수동소자, 시정수, 실효값, 파형률, 파고율, 유효전력, 무효전력, 피상전력에 대해 설명해보세요.

💬 역률의 개념과 역률 개선방안에 대해 설명해보세요.

💬 진상과 지상의 차이를 설명해보세요.

💬 공진 현상, 옴의 법칙, 키르히호프 법칙, 테브난의 정리, 노튼의 정리에 대해 설명해보세요.

- 우리집에서 전기를 사용하기까지의 전 과정에 대해 설명해보세요.

- 전력계통, ESS, SMP, CP, REC, RPS, 스마트그리드, 신재생발전에너지원, 태양광발전의 원리, 마이크로그리드, 전선 위의 참새가 감전이 되지 않는 이유에 대해 설명해보세요.

- 고조파의 개념과 고조파 방지대책에 대해 설명해보세요.

02 5대 발전사 대비

전기기기

- 발전기, 전동기의 동작원리를 설명해보세요.

- 발전기와 전동기의 구조에 대해 아는 대로 설명해보세요.

- 회전자계, 슬립, %Z에 대해 설명해보세요.

- 발전소에서 발전기는 무슨 종류를 사용하나요?

- 동기발전기에서 회전계자형을 사용하는 이유는 무엇입니까?

기 타

- LNG 직도입이 발전사에 미치는 영향에 대해 설명해보세요.

- 우리집에서 전기를 사용하기까지의 전 과정에 대해 설명해보세요.

- ESS, SMP, CP, REC, RPS, 스마트그리드, 신재생발전에너지원, 태양광발전의 원리, 마이크로그리드에 대해 설명해보세요.

- 고조파의 개념과 고조파 방지대책에 대해 설명해보세요.

03 한국가스공사 대비

기 타

💬 LNG와 LPG의 차이에 대해 설명해보세요.

💬 평균요금제와 개별요금제에 대해 아는 대로 설명해보세요.

💬 발전회사들의 LNG(Liquefied Natural Gas, 액화천연가스) 직도입이 향후 가스공사에 미칠 영향에 대해 말해보세요.

💬 P2G, 셰일가스에 대해 설명해보세요.

💬 수소자동차의 구동원리를 설명하고, 전기자동차와 비교했을 때 장단점에 대해 설명해보세요.

CHAPTER 02 기업 분석

⚡ 주요 Key Word

#공기업   #전기직   #기업 분석

#전기 직무   #추진 사업   #기업 이슈

SECTION 1 한국전력공사

1 기업 소개

한국전력공사는 1898년 설립된 한성전기를 전신으로 100년 이상의 역사를 지닌 대한민국 대표 전력 공기업이다. 전력공급의 안정성 및 효율성을 향상시켜 세계 최고수준의 고품질 전력을 공급하기 위해 노력하면서 '에너지전환'과 '디지털변환'을 주도해 나가고 있다. 본사는 전라남도 나주시에 있으며, 2019년 12월 31일 기준으로 매출액 59.2조, 임직원 수는 약 2만 3,000명이다.

국내사업으로는 송전, 변전, 배전, 전력판매 등을 담당하고 있으며, 해외사업으로는 원자력, 화력, 신재생에너지 사업 등을 추진하고 있다.

2 전기 직무(배전)

(1) 내선 및 계기 업무

내선 및 계기 업무는 수용가의 수전설비 또는 내선설비들이 규정에 적합하도록 시설되어 있는지 검토하고, 사용 전 점검에 합격한 시설물에 대해 최종적으로 계량기 부설 및 수용가에 전력공급을 하는 업무를 말한다.

(2) 신규 공급 업무

신규로 전기 공급 신청이 들어오면 배전선로에서 수용가로 전기를 공급할 수 있도록 설계 업무를 진행하고 공사의 전반적인 관리를 하는 업무를 수행한다. 먼저, 신규 신청이 접수되면 현장에 나가 전기를 공급하기 위한 최선의 방법에 대해 고민을 하게 된다. 기존의 선로를 이용하는 방법이 있고, 새롭게 전주를 설치하여 선로를 연장하여 공급할 수도 있다. 또한 기존 주상변압기 용량이 여유가 있어 신규 고객에게도 전력을 공급할 수 있을지, 새로 변압기를 설치할 것인지 등을 고려하게 된다. 공사업체와의 공사 방법과 진행에 대한 논의부터 자재 수급 문제로 공사기간 지연에 따른 공사일정 관리 및 조율을 하는 역할도 공사감독으로서 하게 된다.

(3) 지장전주 이설 업무

지장(방해)이 되는 전주를 이설하는 업무를 말한다. 예를 들어, 소방서 근처 소방차 진입로에 전주가 한가운데 떡하니 서있다고 가정해보자. 누구라도 소방차의 진출입에 명백히 방해가 된다고 생각하기 때문에 이런 경우에는 전주를 사용에 지장이 없는 곳으로 옮기게 된다. 전주를 옮기는 것을 단순작업으로 생각할 수도 있으나 상당한 비용과 작업절차가 필요하다. 전주 하나를 옮기기 위해서는 전주뿐 아니라 전선, 각종 애자류 등도 교체가 이루어져야 하기 때문이다. 또한 사선작업(전기를 휴전, 즉 정전시키고 하는 작업)으로 공사를 하기도 하지만, 정전 민감고객이나 각종 민원에 의해 무정전작업으로 진행하는 경우도 많기 때문에 공사감독은 최선의 방법을 고민해보아야 한다.

신규 공급 업무뿐 아니라 지장전주 이설 공사에 대한 설계를 할 때, 활선공법에 대해서도 어떤 공법을 적용할 것인지, 노임비는 어떻게 적용할 것인지 등에 대해서 고민하고 설계하게 된다.

> ▶ 직접활선 vs. 간접활선
>
> 예전에는 직접활선(공사업체 활선업무 직원들이 고무 절연장갑을 끼고 직접 손으로 공사를 하는 공사방법)이 주를 이루었지만, 잇따른 감전사고 및 사망사고로 인해 안전문제가 대두되어 점차 간접활선(스틱으로 된 공구를 이용하여 멀찍이 떨어져서 작업하는 공사방법)으로 공사를 하는 범위가 늘어나고 있다. 직접활선에 비해 공사시간은 비록 증가하였지만, 작업자의 안전한 작업이 가능하다는 점에서 간접활선이 더욱 확대되는 분위기가 조성되었으며, 2022년부로 직접활선공법은 전면중단되었다.
>
> **※ 유튜브 "배전운영처"를 검색하면 다양한 영상을 확인해 보실 수 있습니다.**

(4) 배전선로 운영 업무

가장 기본적으로 고장 복구 업무와 정전을 예방하기 위한 업무를 진행한다. 각종 고장(차량 - 전봇대 충돌, 변압기 고장 등) 발생 시, 즉각 대응을 통해 피해를 최소화하게 된다. 그리고 정전을 방지하기 위해 여러 가지 예방활동을 하게 되는데 전주 위 조류둥지 철거, 선로 근접 수목 제거, 설비 진단 업무(열화상카메라, 광학카메라, 초음파장비 등 사용) 등이 그것이다. 또한 수능시험, 국회의원 선거 개표 등 전기가 무조건적으로 필요한 행사에 주선로, 예비선로 등의 다중전원(상시전원#1, 상시전원#2, UPS, 비상용 발전기 등 대비)을 통해서 안전하게 행사를 마칠 수 있도록 계획하고 진행하는 업무도 맡게 된다.

3 추진 사업

(1) 완도~제주 구간 제3 초고압직류(3HVDC) 해저케이블 건설사업 추진

완도군에 변환소와 고압송전철탑을 세워 완도~제주의 해저 90㎞, 육상 10㎞ 총 100㎞ 송전선을 연결하는 공사다. 정부의 제7차 전력수급계획에서 2023년 완공을 목표로 하고 있다. 참고로 제주에는 1998년 해남과 제주를 잇는 제1 해저케이블과 2013년 진도와 제주를 잇는 제2 해저케이블이 HVDC 방식으로 육지와 연결되어 있다.

(2) 세계 최대 주파수조정용 ESS 구축

2017년에 한전은 울산·속초·논공·김제 변전소 4개 장소에 주파수조정용 ESS(Energy Storage System, 에너지저장시스템)를 추가로 세우며 세계 최대 규모인 376MW를 운영하게 되었다. 주파수조정용 ESS를 상업 운전하며 전기 품질 및 전력계통 운영의 효율 향상과 매년 620억 원의 전력 구입비를 절감하는 경제적 효과를 볼 수 있을 것으로 기대하고 있다. 한국전력은 국내사업을 경험으로 주파수조정용 ESS의 기술 수출도 추진할 예정이다.

(3) 765kV 신중부변전소 준공

2019년 9월 25일 765kV 신중부변전소 및 송전선로 준공식을 개최하였다. 765kV 신중부변전소 준공을 통해 중부권 전력계통의 안정화에 기여하게 되었으며, 서해안 발전전력의 수송거리를 단축하여 계통 손실비용을 연간 400억 원 절감할 것으로 기대하고 있다.

(4) 스마트그리드 기반 AMI(원격검침인프라) 사업 추진

한국전력이 추진하는 AMI 사업은 2020년까지 전국 2,250만 가구에 AMI(Advanced Metering Infrastructure)를 공급하는 사업이다. 스마트그리드 구현과 자발적으로 수요반응을 유도함으로써 피크전력의 저감을 추진하고자 하는 것이다.

4 기업 이슈

(1) 2019년, 글로벌 금융위기 당시인 2008년 이후 11년 만에 최대 적자

2019년에 한국전력은 영업손실이 1조 3,566억 원으로 2년 연속 영업적자를 기록했다. 냉난방 전력수요가 줄어 전기 판매수익이 줄었고, 온실가스 배출권 비용이 전년 530억 원에서 약 7,000억 원으로 급등하는 등의 사유로 영업손실이 늘어났다. 이에 따라 한국전력은 지속가능한 요금체계를 마련하여 합리적 제도 개선에 주력하겠다고 밝혔다.

(2) 한전공대 설립

한국전력은 2022년 3월에 한전공대(한국에너지공과대학)가 개교하였다. 학생 1,000명(학부 400명, 대학원 600명)의 등록금과 기숙사비를 전액 지원하고, 석학급 교수에게는 4억 원, 정교수에게는 2억 원 등 교수진에게도 고액의 연봉을 지급할 계획으로 해마다 최소 500억 원의 운영비용이 들 것으로 보고 있다. 하지만 1조 이상의 재원 마련이 문제이다. 현재 적자를 내고 있는 상황인 한전이 1조 원 가량을 부담해야 할 것으로 보이는데, 결국 전기요금 인상으로 이어질 것이라는 우려가 있다. 또한 현재 대학 입학 정원이 남아도는 상황에서 대학을 왜 설립해야 하냐는 비판과 호남지역 민심을 얻기 위한 총선용이라는 비판이 존재한다.

(3) 탈원전 – 신재생에너지 확대

한국전력은 정부의 탈원전 정책으로 발전단가가 가장 저렴한 원자력발전의 이용률이 낮았고, 경기침체로 전력수요 또한 낮아 대규모 영업적자를 기록하였다. 일부 전문가는 정부가 탈원전 정책에 따라 더욱 안전한 전기를 사용하는 데는 반드시 비용 발생이 뒤따른다는 사실을 투명하게 공개할 필요가 있으며, 사회적 합의를 거침으로써 전기요금 인상에 나서야 한다고 주장하고 있다.

SECTION 2 한국가스공사

1 기업 소개

한국가스공사는 천연가스를 도입, 저장, 판매하여 우리나라에 안정적으로 천연가스를 공급하는 일을 하고 있다. 전국에 천연가스 인프라를 구축하고 있어 배관을 통해 천연가스를 각 지역으로 공급하고 있다. 본사는 대구광역시에 있으며, 2019년 12월 31일 기준으로 매출액 24.9조, 임직원 수 약 4,200여 명이다.

어떤 일을 하는 회사인지 천연가스 공급 과정으로 알아보면, 우선 해외에서 LNG선을 통해 천연가스를 도입하여 생산기지에 LNG 형태로 저장을 하고, 저장된 LNG는 기화하여 천연가스 형태로 배관을 통해 전국 각지로 공급되며, 공급관리소를 통해 특정 압력과 온도로 변환하여 수요처로 판매하게 된다. 여기까지가 한국가스공사의 역할이며, 이후에는 발전용, 산업용, 가정용으로 수요처를 통해 소비되게 한다. 또한 이러한 과정이 원활하게 이루어질 수 있도록 인프라를 구축하고, 관련 설비를 점검 및 유지 보수를 하기 위해 다양한 분야에서 많은 직원들이 일하고 있다.

2 전기 직무

한국가스공사에 전기직으로 입사하면 전기 관련 업무만 수행하지는 않는다. 보통 3~5년마다 순환근무를 하기 때문에 건설, 설비운영, 해외사업 등 다양한 분야의 업무를 경험할 수 있다.

　　그중 설비운영부의 경우에는 보전, 운영, 통제관리로 나뉘며, 보전부는 다시 전기, 계기, 계측으로 나뉜다. 전기분야에서는 설비 국산화, 선진기술 개발, 수·변전설비 및 UPS (Uninterruptible Power Supply)설비 점검 관리, 방식설비 관리 등 회사의 전기설비와 전력에 관련된 업무를 수행하고 있고, 계기분야는 현장설비의 값을 측정하고 변환하는 계기류와 계기설비를 점검 및 관리하는 업무를 수행하고 있으며, 계측분야는 DCS(Distribured Control System, 분산제어시스템)와 PLC(Programmable Logic Controller, 논리연산제어장치) 시스템을 유지 보수하기 위한 업무를 수행하고 있다.

　　운영부의 경우 교대근무를 수행하며, 생산기지와 공급관리소의 설비를 운영 및 점검하는 역할을 한다. 설비가 정상적으로 동작하는지 확인하여 가스가 문제없이 수요처에 도달할 수 있도록 하는 것이 최우선의 목표이자 역할이다.

　　통제관리부의 경우 운영부의 모든 설비계통을 통합적으로 관리하는 역할을 수행한다. 전국 각지로 가스가 문제없이 공급되도록 전체적인 계통을 파악하여 운영하는 업무를 하고 있다.

　　이렇게 한국가스공사의 전기직은 보전부와 같이 전기 관련 업무를 수행하는 부서에도 배치되지만, 그 밖의 다른 부서에도 배치되어 다양한 분야에서 업무를 수행하고 있다.

3 추진 사업

(1) 천연가스 공급 확대사업

　　가스공사는 뛰어난 LNG 저장탱크 건설 기술과 운영 경험을 바탕으로 현재 전국 5개 터미널(평택, 인천, 통영, 삼척, 제주)에 저장탱크 74기를 보유함으로써 세계 1위의 저장능력(1,147만kL)을 보유하고 있다. 또한 2031년까지 충남 당진에 제5 LNG 터미널을 저장탱크 10기 규모로 건설할 예정이다. 가스공사는 5개 터미널에서 배관을 통해 각 지역의 발전소와 도시가스 회사로 LNG를 안전하게 공급하고 있다. 2023년까지 합천, 청양, 산청 3개 지역에 천연가스 공급을 완료함으로써 지자체 기준 전국 94% 보급률을 달성할 예정이다.

또한 2025년까지 LNG 벙커링(선박 연료로 LNG를 공급), LNG 화물차, 수소에너지, 가스냉방, 연료전지 등 천연가스 신사업 분야에 1조 원을 투자함으로써 미래 성장동력을 확보할 계획이며, 2022년까지 수소 연관 산업 발전과 수소충전소 100개 구축을 목표로 하여 수소산업 인프라 구축에도 선도적으로 대응해 나갈 계획이다.

(2) 가스전 탐사, LNG 터미널 등 글로벌 LNG 강자로 선도

현재 가스공사의 해외사업은 전 세계 13개국, 25곳에서 활발히 진행 중이다. 천연가스 및 원유의 탐사와 LNG 사업, 해외 LNG 터미널 운영, 해외 도시가스 배관 건설 및 운영사업 등 다양하다.

모잠비크 에어리어4(Area4) 사업은 국내 자원개발 역사상 최대 규모의 가스전 탐사 성공 사업으로서 2007년 가스공사가 10%의 지분으로 참여하여 대규모 가스전을 발견하였는데, 국내 천연가스 판매량의 3~4년치 자원을 확보한 것으로 국내 자원개발 역사상 최대의 규모이다.

가스공사는 멕시코 만시니요 LNG 터미널 사업, 베트남 등 해외 LNG 터미널 운영의 기술 수출에도 나서면서 수익 창출에 힘쓰고 있다.

4 기업 이슈

(1) LNG 도입 시장 이원화

한국가스공사가 2020년부터 개별요금제를 시행하는 한편, LNG 직도입시장에서도 열풍이 불고 있어 에너지시장의 변화가 가시화되고 있다. 기존에는 가스공사가 모든 발전소에 동일한 LNG 가격을 적용하는 평균요금제를 적용해왔지만, 가스공사의 가스 가격이 낮을 때는 발전사들이 가스공사에서 가스를 사고 높을 때는 직수입을 하기 시작했다. 그렇게 되면 가스공사는 가스물량을 맞추기 위해 가스 가격이 높을 때도 가스를 사게 되어 결국 가스 평균요금이 높아지는 악순환이 발생하는데, 그런 비효율적인 상황을 없애고자 개별요금제를 시행하게 된 것이다. 개별요금제는 가스공사가 발전소별로 그 당시 LNG 가격에 따라 공급가격을 상이하게 적용하고 개별계약을 체결하는 제도이다. 이로써 LNG를 발전연료로 사용하는 국내 발전소는 개별요금제와 직수입 두 가지 방식 중에 선택할 수 있게 되었다.

(2) 동북아 가스허브

한국가스공사는 동북아 가스허브를 구축하여 가스 공급자와 구매자 간에 이익을 극대화할 수 있는 방안을 제시하였다. 탈석탄, 탈석유 시대에 맞물려 앞으로 가스시대가 도래할 것으로 보이는 만큼 전 세계의 에너지원 중심도 중동에서 동북아로 변화할 것으로 보고 있다. 가스 소비의 핵심시장인 중국과 동남아 국가들이 참여하지 않으면 주공급자인 미국이 참여하지 않을 것으로 보여 한국의 지리적, 전략적 접근이 필요할 것으로 생각된다. 이를 위해 한국가스공사는 동북아 가스허브를 구축하여 새로운 방식의 천연가스 수급 전략과 LNG 인프라 관련 제도, LNG 허브 운영 전문인력 양성 등의 전략을 세워나가고 있다.

SECTION 3 한국수력원자력

1 기업 소개

한국수력원자력(주)은 우리나라 전력 공급의 약 31.5%를 담당하는 국내 최대의 시장형 발전 공기업으로 2019년 6월 현재 전국에 24기의 원자력발전소와 21기의 수력발전소(소수력 제외), 16기의 양수발전소를 운영하고 있다.

설비용량은 22,529MW(2018년 12월 기준)로 설비용량 면에서 우리나라는 세계 5위의 원자력발전국으로 성장하였다. 또한 우리나라 원전 이용률은 2017년 기준 71.2%(세계 원전 평균 이용률은 67%, 2015년 기준)를 기록하며 세계 최고의 원전 이용률 수준을 유지하고 있으며, 미국, 프랑스, 러시아, 캐나다에 이어 '한국형 원전(APR1400)'을 수출함으로써 세계 5번째 원전 수출국으로 도약하였다.

본사는 경상북도 경주시에 있으며, 2019년 12월 31일을 기준으로 매출액 8.9조, 임직원 수는 약 12,000명이다.

2　전기 직무

한국수력원자력에 전기/전자 직무로 입사하면 원자력발전설비 운영을 맡게 된다. 원자력에너지를 이용하여 경제적인 전기를 생산하기 위한 발전설비의 안전한 운전과 유지 보수를 수행하게 되는데, 전기설비 정비와 계측제어설비 정비에 대한 이해가 필요하다.

3　추진 사업

(1) 세계에서 인정받은 최신 한국형 원전 APR1400

한국형 원전인 APR1400의 경쟁력을 인정받아 2009년 12월 미국, 프랑스, 일본 등 세계적인 원전 선진국을 제치고 UAE에 4개 호기 건설 계약을 체결하는 쾌거를 달성하였다. 이 원전 수주로 대한민국의 우수한 원자력기술이 세계적으로 입증되었고, 원자력 강국으로 발돋움하는 초석이 마련되었다. 그리고 2016년 12월에 신고리 3호기가 세계 최초로 3세대 원전 상업 운전에 성공하였고 첫 주기 무고장 운전을 달성하였다.

(2) 국내, 해외에서의 원전 건설 추진

2018년 12월 기준으로 우리나라는 국내에서 5기의 원전과 해외에서 4기의 원전을 건설하였다. 1978년 고리원자력 1호기를 가동함으로써 세계에서 21번째 원전 보유국이 된 우리나라는 2016년 12월 기준으로 25기의 원전을 가동하고 있으며, 꾸준하고 지속적으로 원전 건설을 추진하고 있다. 현재 우리나라에서 건설 중인 원전은 신형경수로(APR1400)로 건설되는 신고리 4, 5, 6호기와 신한울 1,2호기가 있으며, UAE에서 바라카 1, 2, 3, 4호기가 건설 중에 있다. 향후 APR1400, APR+ 등을 수출하여 우리의 선진 원전 건설기술을 세계 시장에 입증할 것으로 기대하고 있다.

(3) 해외 수력발전소 건설 추진

한국수력원자력은 네팔 차멜리야 수력발전소를 2009년에 건설에 착수하여 2018년 2월에 성공적으로 준공하였다. 차멜리야 수력발전소는 한수원이 외국에 건설한 첫 수력발전소로 그 의의가 있다. 한수원은 70년 이상의 수력발전소 운영기술과 경험을 바탕으로 수력자원이 풍부한 파키스탄, 인도네시아 등에서 해외사업을 적극적으로 추진하고 있으며, 파키스탄에 2016년 350MW 규모, 2018년 496MW 규모의 수력발전 사업을 수주하였다.

(4) 연간 호기당 1회에도 미치지 않는 불시정지율

1년 동안 정상운전 중 고장 또는 인적 요인에 의해 발전소가 불시에 정지되는 것을 불시정지라 하는데, 불시정지는 안전성과 전기품질 확보 측면에서 원자력발전소 운영관리 수준을 보여주는 지표로 활용된다. 우리나라는 1988년 이후부터 연간 호기당 1회 이하의 불시정지 기록을 보이고 있으며, 2017년에는 24기의 가동 원자력발전소에서 모두 1건의 고장정지가 발생하여 고장정지율 0.04를 기록하였다.

4 기업 이슈

(1) 정부 탈원전 정책 논란

노후화된 원전을 폐지하면서 신규로 원전을 건설하지 않음으로써 원자력발전의 비중을 서서히 축소하겠다는 것이 탈원전 정책의 취지이다. 하지만 원자력 전문가들은 정부는 원전을 계속 수출하겠다고 했지만, 탈원전 정책으로 인해 수출에 차질이 발생할 것으로 보고 있다. 국제적으로 경쟁력 있는 국내 원전산업이 축소되면 해외 원전 수주에도 악영향을 끼칠 것으로 보기 때문이다. 그리고 현 정부의 탈원전 정책이 전력수급의 심각한 불안정을 초래하여 국가 산업경쟁력을 악화시킬 수도 있다고 경계하고 있다. 또한 개발도상국 중에는 원전을 하려는 곳이 많고 경제발전을 하려면 전기가 필요한데, 온실가스를 배출하지 않으면서 대량의 전기를 만들 수 있는 것이 원자력발전이므로 탈원전 정책에 비판적 의견을 가지고 있다.

(2) 수출, 해체 산업 등 새로운 먹거리 발굴

정부는 신규 원전 건설과 노후화된 원전의 수명 연장에는 부정적이지만, 원전 수출과 해체 산업의 육성에 투자하여 원전업계의 새로운 먹거리 발굴을 도모하고 있다. 원전 수출 무역사절단을 구성하여 원전 마케팅을 진행하고 있으며, 원전해체 전문기업 육성을 위해 전문인력 양성, 자금지원 강화 등 원전해체 산업의 발전에 기여하고자 노력하고 있다.

5대 발전사(중부, 서부, 남부, 남동, 동서)

1 기업 소개

5개의 발전사(중부, 서부, 남부, 남동, 동서)는 2001년 전력산업 구조 개편으로 한국전력에서 분사하여 설립된 발전 공기업이다. 각 발전소는 화력, 복합, 신재생 등의 발전을 통해 전국에 전력을 공급하고 있다.

▦ 5대 발전사 　　　　[본사, 근무지, 매출액, 임직원 수(2019년 12월 기준) / 발전 비중(2018년 6월 기준)]

구분	본사	근무지	매출액	임직원 수	발전 비중
중부	충남 보령	보령, 인천, 서울, 서천, 제주, 원주, 세종	약 4.5조	약 2,440명	8.3%
서부	충남 태안	태안, 평택, 인천, 군산	약 4.5조	약 2,490명	9.7%
남부	부산광역시	하동, 인천, 부산, 서귀포, 영월, 삼척, 안동, 세종	약 5.4조	약 2,320명	9.6%
남동	경남 진주	경남 고성, 인천, 성남, 강릉, 여수	약 5.4조	약 2,480명	8.9%
동서	울산광역시	당진, 울산, 여수, 동해, 고양	약 4.9조	약 2,590명	9.6%

2 전기 직무

발전사에 전기직으로 입사하면 발전소의 운전과 유지·정비, 발전설비 설계에 대한 업무, 발전설비에 부착된 각종 전기기기의 유지 보수 업무를 수행하게 된다. 발전설비의 이상유무를 진단하기 위해서는 발전기의 구조와 운전방식에 대한 지식과 전기설비의 동작특성 및 보호기, 설비 규정에 대한 지식이 필요하다.

3 추진 사업

(1) 중부발전

① LNG 복합발전소 건설

한국중부발전은 정부의 탈석탄 정책과 친환경에너지로의 전환 정책에 맞춰 LNG 복합발전소 건설을 추진하고 있다. 당장 2022년 5월에 보령 화력발전 1, 2호기의 폐쇄를 앞두고 있어 화력발전을 LNG 복합발전으로 대체한다는 계획을 가지고 있다. 또한 제9차 전력수급 기본계획에 화력발전을 대체할 LNG 복합발전 건설안이 반영될 수 있도록 의향서를 제출함으로써 건설을 위한 준비작업을 빠르게 진행하고 있으며, 탈석탄을 주도적으로 수행하여 LNG 복합발전 시장에서 우위를 점하려는 목표를 가지고 있다.

② 4차 산업혁명 기술 적용

한국중부발전은 4차 산업혁명 기술을 선제적으로 적용하고 있다. 빅데이터를 이용하여 고장을 미리 예측하고, 국내 발전사 최초로 IoT(Internet of Things, 사물인터넷)와 드론(drone)을 이용하여 저탄량 측정, 저탄장 자연발화 관측을 하고 있으며, 가상현실(VR) 기술을 활용한 안전체험 교육도 진행하고 있다. 한국중부발전은 4차 산업혁명의 핵심기술을 접목하여 설비에 대한 신뢰도 및 운영기술을 향상시켜 나갈 계획이다.

(2) 서부발전

○ 온실가스와 미세먼지 저감을 위한 IGCC

한국서부발전은 온실가스와 미세먼지 감축을 위해 타 발전사에 비해 많은 노력을 해왔다. 국내 최초로 정재회에 대한 탄소중립제품 인증을 획득하였으며, 태안에 IGCC를 건설하여 신기후체제에 선제적으로 대응하고 있다. IGCC(Integrated Gasification Combined Cycle)는 석탄가스화복합화력발전으로 황화합물의 99%, 이산화탄소는 35%까지 제거할 수 있다. 국내 최초로 청정석탄발전 기술을 적용한 태안 IGCC는 세계 에너지시장에서 새로운 친환경 발전설비 역할을 할 전망이다.

(3) 남부발전

○ 친환경, 고효율의 발전능력

한국남부발전은 타 발전사 대비 풍력, LNG 등 친환경 전력공급과 고효율 전력공급에 강점을 가지고 사업을 추진하고 있다. 친환경, 고효율 발전인 LNG 발전 비중이 약 52.8%로 국내 발전 공기업 중 가장 높다. 아직은 LNG 발전의 단가가 석탄발전에 비해 높아 매출이 감소하는 어려움이 있지만, 앞으로 친환경적인 LNG와 신재생에너지 발전을 장려하는 에너지 정책때문에 높은 LNG 발전의 비중이 남부발전의 성장기반이 될 것이다.

(4) 남동발전

○ 세계 최고 수준의 친환경 발전소

한국남동발전은 세계 최고 수준의 친환경 발전 운영과 신재생에너지 사업을 진행하고 있다. 발전사 최초로 상업용 태양광을 개발하였으며, 국내 최초로 상업용 연료전지를 도입하였다. 태양광의 경우에는 발전소, 대학교, 지자체의 유휴부지를 활용하여 설치하였으며, 한국도로공사와 공동개발 양해각서를 체결하고 전국에 태양광 건설공사를 추진하였다. 한국남동발전은 신재생에너지에 대한 선제적인 노력을 지속적으로 진행하고 있다.

(5) 동서발전

○ 온실가스 감축을 위한 에너지 신사업 추진

한국동서발전은 신기후체제에 맞춰 에너지 신사업을 적극적으로 추진하고 있다. 우선, 친환경적 청정에너지를 생산하기 위해 태양광, 풍력, 연료전지, 바이오매스 등 발전 공기업 중 가장 다양한 신재생에너지 설비를 운영하고 있다. 특히, 바이오매스 분야(축분과 톱밥을 함께 말려 연료로 만든 후 바이오매스 발전의 연료로 활용)에서는 발전 공기업 중 가장 선제적으로 진출하였다. 한국동서발전은 다양한 신재생에너지 설비를 운영하여 2025년까지 신재생에너지 발전 비중을 30%까지 올릴 계획이다.

4 기업 이슈

신재생에너지 공급 의무화제도(RPS ; Renewable Portfolio Standards)

신재생에너지를 제외한 발전설비 용량 500MW 이상 보유한 발전사에게 총 화력발전량의 일정비율을 신재생에너지로 공급하도록 의무화한 제도이다. 우리나라는 2012년부터 시행 중이며 신재생에너지의 확대를 위해 중장기 목표를 설정하여 추진하고 있다. 발전사에 신재생에너지 의무 발전량 비율을 할당하고 공급인증서를 거래하도록 하였으며, 미이행 시에는 부족량에 대한 과징금을 부과하고 있다. 신재생에너지 공급의무자들은 신재생에너지 설비를 직접 건설하여 공급하거나 또는 신재생발전 사업자로부터 신재생에너지 공급인증서(REC)를 구매하여 의무를 이행하여야 한다. 현재 신재생에너지 의무공급비율은 2022년 12.5%로 상향되었으며, 2026년까지 25%에 이르도록 단계적으로 설정하였다.

SECTION 5 한국수자원공사

1 기업 소개

한국수자원공사는 수자원을 종합적으로 개발, 관리하여 생활용수 등의 공급을 원활하게 하고 수질을 개선함으로써 국민 생활의 향상과 공공복리 증진에 이바지하기 위해 1967년 11월 설립되었다. 본사는 대전광역시에 있으며, 2018년 12월 기준으로 매출액 3.3조, 임직원 수는 약 6,100명이다.

한국수자원공사는 댐 및 보 시설 운영관리사업으로 다목적댐 20개, 보 16개, 낙동강 하구둑 등 총 56개의 댐 및 보 시설 관리를 통해 깨끗하고 안정적인 물공급을 하고 있다. 또한 48개의 광역 및 공업용수도 시설을 구축하여 약 2,200만 명의 국민들에게 수돗물을 공급하고 있으며, 이 밖에도 홍수, 가뭄 등 지역, 계절적 편차가 심한 여건 속에서 효율적인 물관리를 위해 물관리 예측 및 운영 기술을 나날이 발전시켜 오고 있다.

최근에는 취수원에서 수도꼭지까지 공급 전 과정에 ICT(Information and Communication Technolgy) 기술을 접목하여 수량과 수질을 과학적으로 관리하고 해당 정보를 제공함으로써 소비자가 안심하고 마실 수 있는 물공급 체계를 구현하기 위해 노력하고 있으며, 이러한 스마트물관리(SWM ; Smart Water Management)를 통해 스마트워터시티(SWC ; Smart Water City)로 도약하기 위해 혁신을 거듭하고 있다.

2 전기 직무

한국수자원공사에 전기/전자 직무로 입사하면 전기기기 유지 보수 및 자동제어시스템 운영 관련 일을 맡게 된다. 전기기기 유지 보수에는 회전기(전동기)와 정지기(변압기, 개폐기, 전원공급장치, 배전반) 및 보호계전기의 유지 보수가 포함되며, 자동제어시스템 운영은 자동제어시스템의 제어원리를 공정별로 이해하고 운전상태나 동작상태를 파악하여 설비를 안정적이고 효율적으로 관리하는 것이다. 그래서 자동제어시스템의 개념 및 구성 등 관련 지식, 각종 제어기기의 작동원리 및 자동제어 로직 관련 지식, 제어설비 규격 관련 지식 등이 필요하다.

3 추진 사업

(1) 물통합 관리

댐 및 보 시설 운영관리사업을 통해 다목적댐 20개 건설 및 운영과 다기능 보 16개, 낙동강 하구둑 등 총 56개의 댐 및 보 시설을 관리하고 있다. 하루 48개의 광역 및 공업용수도 시설을 구축하여 국내 수돗물 공급의 절반을 책임지고 있으며, 2017년 기준으로 청송까지 총 23개 지자체의 상수도를 수탁 및 운영 중에 있다.

(2) 물재해 예방 및 수질, 수생태 관리

수자원공사는 50년에 걸친 물관리 기술력과 경험을 바탕으로 강우, 홍수, 가뭄, 수질 등 물순환 전 과정의 물관리 의사결정시스템인 K-HIT(지능형 유역통합물관리 의사결정지원 툴키트)를 개발, 운영하여 기후변화에 따른 극심한 홍수와 가뭄 등의 물재해에 능동적으로 대응하고 있다.

또한 과학적 모니터링과 자체 통합 수질예측시스템(SURIAN)을 통해 대국민 정보제공 서비스와 예방적 수질, 녹조 관리를 실시하고 있으며, 근본적인 수질 및 수생태계 개선을 위해 상류로부터 유입되는 오염원을 저감시키기 위해 친환경 수질개선 기술인 에코 필터링(자연정화 기능을 활용한 친환경 수처리 기술)과 통합형 윗물 살리기(관리가 소홀한 소규모, 비법정 하천 등에 대한 수질, 수량, 수생태, 재해 기능을 통합한 하천환경 개선사업) 등의 사업을 추진하여 건강한 물환경 조성에 기여하고 있다.

(3) 세계 최고 수준의 수돗물 생산

수자원공사는 정수처리공정 최적화와 설비 개선작업을 지속적으로 추진하여 글로벌 수질 기준 달성률 99.98%(2018년 기준)를 달성하는 등 세계 최고 수준의 수돗물을 생산하고 있다. 이러한 기술력을 바탕으로 2018년 7월 '유네스코 수돗물 국제인증제도'의 세계 최초이자 유일한 기술자문사로 선정되었다.

(4) 원격점검과 통합관리가 가능한 스마트물관리(SWM)시스템

스마트물관리는 기존 물관리시스템에 ICT 기술을 적용하여 원격점검과 통합관리가 가능한 디지털 물관리시스템이다. 수자원공사는 이 SWM 방식을 적용하여 검침 인력과 비용, 시간을 줄이고 누수 절감, 요금 절약 등의 효과를 통해 수돗물을 보다 효율적으로 공급할 수 있게 되었다. 그리고 SWM 시스템의 확대로 유수율 향상, 누수량 감소, 비용 절감 등의 효과를 기대하고 있으며, 더 나아가 해외사업에도 적극적으로 활용할 계획이다.

4 기업 이슈

(1) 물관리 일원화 달성

이전에는 물관리에서 수량은 국토부, 수질은 환경부가 담당했으나, 물관리 일원화를 통해 중복 투자를 없애고 수자원 운영을 고도화할 수 있게 되었다. 물 관련 중복 업무 논란이 있었던 수자원공사와 한국환경공단의 업무를 나눔으로써 상수도는 수자원공사가, 하수도는 환경공단이 맡아 각 분야에 집중하게 될 예정이다. 상수도 기능 전반을 한국수자원공사로 일원화하게 되면서 그동안 제기되었던 수도시설 관리의 이원화, 중복 투자 등의 상수도 관리의 비효율성이 최소화될 것으로 예상된다. 그리고 오염원 관리, 수질 개선사업 등의 연계성을 고려하여 하수도 관리 기능을 수질관리 전문기관인 한국환경공단으로 일원화하면서 통합 하수관리체계 구축, 하수처리장 현대화사업 등에 역량을 집중할 수 있게 되었다. 환경부 물통합정책국장은 물관리 분야의 중복기능을 해소하고 기관 고유의 전문역량을 강화하는 산하기관 특성화를 통해 국민에게 최상의 물관리서비스를 제공할 수 있을 것이라고 강조하였다.

(2) 수자원을 활용한 에너지 확보

① 수상태양광

수상태양광은 수면 위에 태양광발전 설비와 수상 시설을 이용하여 발전하는 방식이다. 2012년 세계 최초 상용화 모델인 합천댐 수상태양광 500kW를 시작으로 2016년 보령댐, 2017년 충주댐을 준공하였다. 수자원공사 이학수 사장(前)의 인터뷰에 의하면 상수원보호구역을 제외한 소양강댐, 용담댐 등 20개 댐 수면적의 5%만 수상태양광으로 활용해도 원전 1.5기(1.5GW) 규모의 설비 효과가 생긴다고 하니 활용도가 상당하다고 생각된다.

② **수열에너지**

수열에너지는 여름철에는 대기보다 온도가 낮고, 겨울철에는 대기보다 온도가 높은 물의 특성을 이용한 방식이다. 그래서 물을 열에너지원으로 활용하여 냉난방에 사용하게 된다. 인근 하천 및 댐에서 풍부하게 얻을 수 있다는 점과 온실가스 감축 등 환경문제 해결에 기여할 수 있다는 점, 화석연료보다 비용이 저렴하다는 점 등이 수열에너지의 장점이다. 현재 수자원공사는 소양강댐의 데이터센터 냉각에 소요되는 전력을 댐 심층수 수열에너지로 대체 활용하려는 사업을 추진하고 있다.

(3) 해수 담수화시장

지구에 존재하는 물의 97%는 바다이다. 그리고 OECD 보고서에 의하면 2025년에 52개국에서 30억 명 정도가 식수난과 농업, 산업용수 부족 문제에 직면할 것이라고 한다. 그렇기 때문에 해수 담수화시장의 가능성은 무궁무진하다고 생각된다. 국토교통부에 따르면 세계 해수담수화 시장 규모는 2018년 기준 약 18조 원에 달하며, 해수담수화 시장은 매년 15%씩 성장할 것이란 관측을 하고 있다.

해수 담수화 시설은 1톤당 평균 생산비용이 지방 상수도에 비해 약 3배 이상 들기 때문에 수자원공사 역시 손해를 보는 사업일 수밖에 없다. 하지만 '물'은 인간에게 필수적인 요소이자 기본적인 자원이므로 수자원공사의 입장에서 고비용을 이유로 외면할 수도 없는 문제이다. 해수 담수화 생산단가에서 약 50% 이상이 전기요금으로 소요되기 때문에 단가를 낮추기 위한 더 많은 기술연구가 필요한 시점이다.

SECTION 6 한국철도공사(KORAIL)

1 기업 소개

한국철도공사는 철도운영의 전문성과 효율성을 높임으로써 철도산업과 국민경제 발전에 이바지함을 목적으로 설립되었다. 본사는 대전광역시에 있으며, 2019년 기준으로 매출액 6.4조, 임직원 수는 약 3만2,000명이다.

한국철도공사는 선로 유지 보수 및 철도차량 정비 업무와 열차운행 업무를 책임지고 있다. 또한 24시간 365일, 안전한 열차 운행과 급행열차 운행 확대로 고객의 통행시간 단축을 위한 노력을 해오고 있다. 그리고 중장기 안전투자계획을 마련해 노후차량 교체, 노후시설물 개선 및 확충, 최첨단장비 도입 등 안전한 철도환경을 만들기 위해 달려가고 있다.

최근에는 스마트 교통 플랫폼을 구축해 고객편의를 더욱 확대해 나가고 있다. 언제 어디서나 열차 승차권 조회와 발권이 가능한 어플 '코레일톡'에 이어, 어플을 설치하지 않고도 카카오톡이나 라인에서 승차권을 예매할 수 있는 챗봇 기반의 교통 플랫폼 '가지(ga-G)' 서비스를 개발하였다. 또한 무선인터넷(Wi-Fi) 무료 설치 확대 및 모바일 간편결제 서비스 '제로페이' 도입 등 다가가는 고객편의 서비스를 확대해 나가고 있다.

2 전기 직무

한국철도공사에 전기 직무로 입사하면 전기기기, 전자기기에 대한 전문지식과 기술을 바탕으로 철도차량, 철도차량 정비에 사용되는 각종 기계설비·시험장비의 유지 보수, 안전관리 및 사고 복구 등의 업무를 수행하게 된다.

3 추진 사업

(1) 세계 1위의 열차 정시율과 안전성 및 광역철도사업

한국철도는 세계 최고 수준의 열차 정시율과 안전성을 자랑하고 있다. 일반열차 정시운행률과 KTX 정시운행률은 국제철도연맹(UIC) 기준 세계 1위를 기록하고 있다(고속철도 정시운행률 99.7(%)). 또한 철도 사고율도 유럽철도국(ERA) 기준 가장 낮은 사고율을 기록하고 있다.

한국철도 광역철도는 1974년 29개역으로 시작하여 2019년 기준 261개역으로 하루 평균 약 319만 명이 이용하는 수도권 시민의 발로 자리매김해오고 있으며, 급행열차 확대와 분당선 연장 운행 등 환승시간 단축을 통해 고객의 편의와 만족도를 높여 나가고 있다.

(2) 5대 철도관광벨트와 6개의 특색 있는 테마열차 운영

대한민국 전역에 있는 천혜의 관광자원을 편안하게 체험할 수 있도록 '5대 철도관광벨트'와

6개의 특색 있는 '테마열차'를 운영하여 지역사회와 상생을 도모하고 있다. 5대 철도관광벨트로는 평화생명벨트(DMZ-train), 강원청정벨트, 중부내륙벨트, 서해골드벨트, 남도해양벨트가 있다. 테마열차 운영으로 약 600명의 고용유발효과와 약 500억 원의 생산유발효과, 약 11만 명의 연평균 이용객 수 등 지역경제 활성화에 기여하고 있다.

(3) 국제철도협력기구(OSJD) 사장단회의 성공적 개최

OSJD(Organization for the Cooperation of Railways)는 1956년 6월 동유럽과 중앙아시아 28개국이 결성한 국제철도협력기구이다. 시베리아횡단철도(TSR)와 중국횡단철도(TCR) 등 유라시아 대륙철도 운행에 필요한 규약을 총괄하고 있다. 우리나라는 2018년 정회원에 가입한 국제철도협력기구(OSJD)를 발판으로 해외 진출을 확대하고 남북대륙철도 구축을 통해 세계 철도산업을 선도해 나갈 계획이다.

(4) 해외철도 컨설팅과 O&M 사업

한국철도는 국제교류협력과 글로벌 경쟁력 강화를 위해 프랑스, 중국, 러시아에 해외지사를 운영하고 있다. 그리고 정부의 신(新)북방정책과 동아시아철도공동체 실현을 위해 국제철도연맹(UIC ; Union International des Chemins de for)과 국제철도협력기구에 직원을 파견함으로써 남북철도 연결에 대비한 대륙철도 연선국과의 네트워크 구축 및 협력체계를 강화해오고 있다. 2019년 12월 기준으로 해외사업 영업수익은 약 55억 원이며, 해외사업 누적 수주실적은 13개국, 약 806억 원 수준이다.

4 기업 이슈

(1) 남북 철도연결 사업 – 53년 만에 복원되는 동해북부선

2020년 4월 27일 강원 고성군 제진역에서 동해북부선 추진 기념식이 열렸다. 동해북부선은 강릉역에서 제진역을 잇는 종단철도로서 1967년 노선 폐지 후 현재까지 단절된 상태로 남아있었지만 53년 만에 복원을 준비하게 되었다. 통일부는 동해선을 '부산에서 출발해 북한을 거쳐 러시아와 유럽까지 이어지는 유라시아 철도의 시작점'이라고 보았다. 이 사업을 통해 동해선 철도가 온전히 연결되면 남북경제협력의 기반과 환동해 경제권이 완성되어 대륙과 해양을 잇는 동해안 시대를 열어갈 것으로 내다보고 있다. '환동해 경제권'은 한반도와 일본, 중국 동북부, 러시아 블라디보스토크 등 동해를 둘러싼 지역을 철도망으로 연결하는 작업을 말한다. 이 지역을 하나의 시장으로 묶어 국가 물류경쟁력을 강화하는 계기로 만들겠다는 것이다. 강릉역에서 제진역까지 불과 100㎞의 구간만 다시 연결하면 부산에서 두만강까지 한반도에서 가장 긴 철도 구간이 완성된다. 총 사업비는 약 2조 8,520억 원 수준으로 동해권 관광과 향후 남북 관광 재개 시 금강산 관광 등 지역 주민의 교통편의 향상 및 지역경제 활성화를 통한 국가 균형 발전에도 크게 기여할 수 있을 것으로 보고 있다.

(2) 2020 대륙철도시대 준비의 해

코레일은 올해를 '2020 대륙철도시대 준비의 해'로 선포하였다. 기술 개발과 해외사업 진출로 미래철도에 대비하겠다는 의지를 말하고 있다. 해외진출을 위한 공동협의체 '팀 코리아'에서 철도 운영을 담당하는 중심축으로서 시장에 도전하겠다는 것이다. 한국철도공사를 비롯해 철도시설공단과 LH 등 공기업으로 구성된 '팀 코리아'가 국내 건설사와 컨소시엄을 만들어 민관 협력사업을 수주할 계획이다. 현재 코레일은 중국−러시아를 거쳐 유라시아로 연결하는 '대륙철도 투자개발사업'을 추진 중에 있는데, 이를 위해 2018년 유라시아 대륙의 철도 운영국 협의체인 국제철도협력기구에도 가입하였다.

한국철도공사의 손병석 사장은 2020년 신년사를 통해 동아시아철도공동체의 기반을 마련고 정부 및 관련국과의 긴밀하게 협력함으로써 남북철도, 대륙철도를 차분히 준비하겠다고 밝힌 바 있다.

(3) 코레일−SR 통합논의

문재인 정부 출범 이후 코레일과 SR의 통합문제가 급물살을 탔었다. 2018년 '철도 공공성 강화를 위한 철도산업구조평가연구' 용역을 진행하며 코레일과 SR 통합문제를 논의하기 시작하였다. 하지만 2년이 지나는 동안 크게 진척이 없는 상황이다. 통합문제 논의의 재개 시기와 방식이 불투명한 상황이고, 정부의 의지가 약해져 사실상 통합에 대한 논의가 물 건너 간 것이 아니냐는 의견이 분분한 실정이다. 공공성과 효율성을 놓고 정권이 바뀔 때마다 정책의 추진방향 역시 달라졌기 때문에 코레일과 SR의 통합문제는 찬반양론이 첨예한 사안이다.

통합을 주장하는 편에서는 철도는 엄연한 공공재 성격을 띠고 있는 만큼 완전경쟁이 이루어질 수 없으며, 공공성의 강화를 위해 국가차원에서 운영해야 한다고 주장한다. 한 철도정책연구위원에 따르면 신자유주의식 경영마인드로 운영하다보니 서비스의 핵심인 공급량을 늘리는 것이 불가능하다. 그러므로 경쟁체제를 접고 코레일과 SR을 통합하면 1일 52회 고속열차 운행이 가능해지므로 최대 3만1,800여 석의 증가로 이어져 철도서비스는 좋아질 것이라 한다. 또한 고속철도가 KTX(Korea Train eXpress, 한국고속철도)와 SRT(Super Rapid Train, 수서발 고속열차)로 분리되면서 국민들은 선택권 제약, 비싼 요금 부담, 안전성 약화, 지역적 차별화 등 다양한 문제점들이 제기되고 있으며 통합을 통해 이를 해소할 필요가 있다고 제기하였다. 하지만 반대하는 편에서는 경쟁체제를 통해 서비스 질의 향상과 가격 인하를 유도할 수 있다고 주장하고 있다.

국토부 관계자는 "통합을 하는 것이 바람직한지, 경쟁체제를 유지하는 것이 바람직한지 객관적으로 검토하기 위해 연구용역을 진행하고 있으나, 안전 측면의 구조적 문제를 해결하는 것이 선행되어야 한다는 감사원의 의견을 존중해 안전부분부터 우선적으로 검토하고 있다."고 밝혔다.

SECTION 7 한국농어촌공사

1 기업 소개

한국농어촌공사는 '땅'과 '물'을 관리하는 기관으로, 농지를 만들고 공급하며 저수지관리를 통해 농어촌에 물을 공급하는 등의 사업을 수행하는 농어촌 전문 공공기관이다. 다시 말하면 한국농어촌공사는 국가 기초자원인 주곡의 안정적인 생산기반 확충, 농어촌 생활환경 개선, 수자원 확보를 통한 깨끗하고 안전한 농어촌 용수 공급 등을 수행하며 국민이 안심할 수 있도록 하고, 농어업인은 경쟁력을 갖추도록 지원하고 있다.

기후변화 등 환경적 변화에 대응한 과학적 수자원관리시스템을 도입하여 물관리시스템의 혁신적 변화를 추구하고 있으며, 농어촌과 4차 산업혁명을 주도하는 농어업을 만들어나가고 있다. 또한 저수지 등 기반시설을 활용한 신재생에너지 생산 확대와 4차 산업혁명을 농업에 접목하여 미래 성장을 이끌어나가고 있으며, 스마트팜(Smart Parm)을 확대함으로써 농어업 가정의 소득 증대에 기여하고, IoT 기술과 접목한 고품질 농산물 생산단지를 조성하여 향후 체계적으로 육성해나가고 있다.

본사는 전라남도 나주시에 있으며, 2018년 기준으로 매출액 3.7조, 임직원 수는 약 6,800명에 이른다.

2 전기 직무

한국농어촌공사에 전기 직무로 입사하면 전기설비 설계, 전기설비 감리, 자동제어시스템 운영, 태양광에너지 생산, 해외농업 개발 지원 등을 수행하게 된다.

전기설비 설계의 직무내용은 전기사업자로부터 전기를 수전하고 부하에 적합한 전압으로 변환하여 구내에 전력을 공급하기 위한 수변전설비, 예비전원설비, 배선설비, 동력설비, 조명설비, 전기방재설비, 정보통신설비 등에 대한 설계 수행이다.

그리고 자가용 전기설비 공사에 대하여 발주자의 위탁을 받은 감리업자가 설계도서, 그 밖의 관련 서류의 내용대로 시공되는지 여부를 확인하고, 품질관리·공사관리 및 안전관리 등에 대한 기술지도를 하며, 관련 법령에 따라 발주자의 권한을 대행하는 업무가 전기설비 감리이며, 자동제어시스템의 제어원리를 이해하고 운전상태나 동작상태를 파악하여 설비를 안정적이고 효율적으로 관리하는 업무가 자동제어시스템 운영이다. 그 밖에 태양광을 활용하여 재사용 가능한 전기에너지로 변환하기 위한 태양광발전장치를 설계, 생산, 시공, 유지 관리하는 태양광에너지 생산 업무, 해외농업개발사업 융자업무 대행기관으로의 역할수행 등을 하게 되는 해외농업개발 지원업무가 있다.

3 추진 사업

(1) 농어업 생산기반 조성 및 정비 사업

한국농어촌공사는 논 이외에 밭농사, 생활 및 환경 용수 등 다목적 농촌용수를 개발하여 안전한 복합영농기반 구축과 농어촌 환경개선을 추진하고 있다. 그리고 심각해지는 농업, 농촌 분야 기후변화에 대응하고 농촌지역의 다양한 용수 수요에 대처하기 위해 여유 수자원을 효율적으로 배분 및 활용하고 기존 시설물의 리모델링을 통하여 농촌용수 이용체계를 통합, 재편해 나가고 있으며, 또한 새만금 종합개발 등 대규모 간척지를 활용하여 최첨단 고부가가치 농업을 실현해 나가고 있다.

(2) 농어촌용수 및 수리시설 유지 관리

한국농어촌공사는 안전영농 실현 및 농업 생산성 향상을 위해 총 면적 487천ha(농업기반시설 1만4천 개소, 용·배수로 10만km)에 농업용수를 공급하고 있다. 또한 안전한 농산물 생산과 농어촌

환경개선을 위해 농업용 저수지에 대한 수질조사를 실시하는 등, 농업용수 수질관리를 통한 청정용수 공급 및 쾌적한 친수공간을 제공하고 있다. 이처럼 과학적이고 깨끗한 농업용수 관리를 통해 농업 생산성 향상과 농업용수 이상의 가치를 제공하고 있고, 이 밖에 침수피해 예방을 위해 상습침수 농경지의 배수개선사업을 실시하고 있으며, 시설원예, 밭농업 등에 대한 맞춤형 배수개선 역시 추진하고 있다.

(3) 후계농업인 육성을 위한 맞춤형 농지 지원

한국농어촌공사는 농업경영을 희망하는 젊은 세대, 귀농인, 전업농업인 등에게 생애주기별 맞춤형 농지를 지원하여 농지의 효율적 이용과 농가소득 증대에 기여하고 있다. 이를 통해 청년창업농(청년의 농업·농촌 유입을 촉진하고자 농림축산식품부가 시행하고 있는 사업) 및 2030세대 등 후계농업인 육성을 통해 고령화된 농업구조를 차차 개선해나가고 있다.

(4) 친환경에너지사업과 스마트팜

한국농어촌공사는 공사 유휴부지, 저수지 등을 활용한 태양광, 소수력, 풍력 등 신재생에너지 발전소를 운영하여 친환경에너지를 생산해오고 있다. 또한 채소, 화훼류 재배 농가 등에 ICT기술을 접목하여 원격, 자동으로 생육환경을 관리하는 스마트팜 온실 신개축을 지원하고 있으며, 이를 통해 생산성 향상과 고부가가치 농산물의 안정적 생산 및 공급기반 구축 등에 기여하고 있다. 이처럼 한국농어촌공사는 4차 산업혁명 시대에 친환경에너지사업과 스마트팜 등의 사업을 통해 앞장서고 있다.

(5) 세계무대 진출

한국농어촌공사는 축적된 농업기술과 노하우를 바탕으로 글로벌 경쟁력을 확보하여 개발도상국의 관개배수, 지하수 개발, 농어촌용수 개발 등 다양한 기술용역사업을 추진해오고 있다. 1967년부터 36개국 154개 사업을 수행하였으며, 타당성 조사부터 시작하여 기본계획, 세부설계, 공사 및 사업 관리를 맡아왔다.

4 기업 이슈

(1) 농어촌공사 수상태양광사업 표류

당초 농어촌공사는 2018년부터 2022년까지 약 7조 4,800억 원을 투입해 941개 지역에

4,280MW 규모의 태양광발전설비를 갖추겠다는 목표를 설정하였다. 수상태양광발전은 육상태양광보다 약 10% 이상 발전효율이 높으며, 정부가 2030년까지 신재생에너지 발전비중을 20%까지 높일 계획이어서 좁은 국토에서 환경을 훼손하지 않는 수상태양광이 각광을 받았기 때문이다. 하지만 농어촌공사가 추진하는 수상태양광발전사업 중 사업비 500억 원 이상의 대규모 사업들이 모두 전면 중단된 것으로 알려지면서 그 배경에 관심이 모아지고 있다. 사업은 야심차게 출발하였으나, 관련 법의 규제로 인해 농어촌공사가 수조원을 들여 사업을 추진하여도 경영적인 측면에서 특별한 도움이 되지 못하는 것으로 나타나면서 사업추진에 제동이 걸린 것으로 보고 있다. 농어촌공사 내부에서는 사업기간 장기화, 용역 실시 등에 따른 과도한 투자비용, 사업 불확실성 등이 제기되며 현재는 진퇴양난의 상황에 처해 있다. 그 밖에 농어촌공사가 태양광사업을 핵심사업으로 추진하는 것이 적절한지에 대한 지적도 국회에서 강하게 제기되었고, 사업을 야심차게 추진했던 최규성 사장(前)이 물러나며 수상태양광발전사업은 소규모 사업 중심으로 공모를 통해 실시하는 반쪽짜리 사업으로 전락했다는 의견이 피력되고 있다.

(2) 개도국 인프라 개선사업 진출 등 해외사업 확대

한국농어촌공사는 2020년 1월 '한국농어촌공사 및 농지관리기금법 일부개정 법률(안)'이 국회에 통과함에 따라 그간 '해외농업 개발 및 기술용역사업'으로 한정되어 있었던 해외사업을 보다 다양한 형태로 추진할 수 있게 되었다. 국회에 통과한 개정안에 해외사업의 종류와 범위를 확대하는 내용이 포함되었기 때문이다. 이에 대해 해외사업처 해외총괄부장은 법 개정 이후 개도국의 쌀 생산기반을 정비하면서 가공, 유통 시설 등을 패키지로 지원하는 사업을 구상하는 등 다양한 형태의 해외사업 추진을 준비하고 있으며, 보다 넓은 분야의 해외사업에 참여할 수 있게 된 만큼 국내 농산업기업과의 동반진출 확대도 기대할 수 있을 것이라 밝혔다.

인천국제공항공사

1 기업 소개

인천국제공항공사는 인천국제공항을 관리 및 운영하기 위해 설립한 공기업이다. 인천국제공항은 전 세계 85개 항공사가 61개 국가, 191개 도시를 연결하는 글로벌 허브공항으로 글로벌 5대 공항으로 성장하였다. 특히 중국과 일본의 중소도시를 연결하는 항공 네트워크로 동북아 허브공항으로서의 입지를 확고히 하고 있다. 또한 세계공항서비스평가(ASQ ; Airport Service Quality) 12년 연속 세계 1위 차지, 세계 최고 공항상 11회 수상은 전 세계 공항의 관리 및 운영의 기준이 되고 있다.

본사는 인천광역시에 있으며, 2019년 12월 기준으로 매출액 2.8조, 2020년 1분기 기준으로 임직원 수는 약 1,700명이다.

2 전기 직무

인천국제공항공사의 전기직은 전력 관리 및 전기설비의 유지 보수 및 설계 업무를 담당한다. 지능형 전력통신망 인프라를 구축하여 실시간으로 전력정보를 주고받고 필요한 양의 에너지를 공급, 소비, 저장, 거래를 할 수 있는 기반시설을 구축하는 업무와 발전기, 전동기, 변압기, 개폐기 등의 이상유무를 확인하고 정상상태의 성능을 유지하도록 관리하는 업무도 수행한다. 또한 공항 및 해당 시설에 전력을 공급하기 위한 수변전설비, 예비전원설비 등을 설계하는 업무도 진행한다.

전기설비기술기준 및 내선 규정의 관련 지식과 전기설비 도면 및 규격서 검토능력, 전기기기에 대한 지식과 이해가 필요하다.

3 추진 사업

(1) 4단계 건설을 통해 미래 항공시장을 선점

인천국제공항공사는 현재 1단계 건설에서 제1 여객터미널, 2단계 건설에서 탑승동, 3단계 건설에서 제2 여객터미널 및 철도를 건설하였으며, 현재는 2024년까지 4단계 건설을 진행하고 있다. 4단계 건설은 제2 여객터미널을 확장하고 제4 활주로를 신설하는 것으로 인천국제공항에 급증하는 항공수요와 여행객에 대비하여 미래 항공시장을 선점하는 것이 목표이다.

(2) 공항 운영 노하우를 세계에 전파

인천국제공항공사는 그동안 쌓아온 공항 건설 및 운영 노하우를 토대로 해외사업을 확대해 나가고 있다. 2009년 이라크 아르빌 신공항 운영 지원 컨설팅 사업을 시작으로, 세계 최대 규모로 건설될 이스탄불 신공항의 운영 컨설팅 업체로 선정되었다. 또한 2018년 5월에 쿠웨이트공항 제4 터미널 운영사업은 인천국제공항공사 단일 해외사업 최대 규모를 기록하였으며, 앞으로도 공항 운영 노하우를 세계 각국에 전파하는 해외사업을 추진할 것이다.

(3) 에너지 신사업 적극 도입

인천국제공항공사는 태양광, 연료전지 발전 등의 신재생에너지 발전설비를 적극 도입하고 있으며, 이를 통해 에너지를 소비하는 것이 아닌 에너지를 생산하는 공항으로 변화하고 있다. 또한 공항시설 전반에 걸쳐 에너지경영시스템(ISO 50001)을 운영하고 있으며, 지능형 전력망을 구축하여 에너지 관리사업을 더욱 구체적으로 진행하고 있다.

4 기업 이슈

(1) 중국 공항의 동남아 허브 위협

세계 최대 규모의 중국 다싱공항과 중국 항공사들의 국제선 확장은 인천국제공항의 허브공항 역할을 위협할 수 있다. 현재 중국은 급격한 경제성장과 인구성장을 바탕으로 공항 인프라 확장을 위해 노력하고 있으며, 자국의 IT업체와 협업하여 공항에 최첨단 시설을 유지했다. 이러한 추세가 지속된다면 인천국제공항은 중국의 지방공항으로 밀릴 수 있다. 이에 대한 대안으로 인천국제공항공사도 제2 여객터미널 확장과 제4 활주로 신설, 항공운송과 연계산업을 한곳에 조성하는 공항경제권 조성에 힘쓰고 있다.

(2) 인천공항 스마트 항공통신모니터링 시스템

인천국제공항공사에서는 인공지능(AI)의 음성인식 기술을 적용하여 항공기 관제 중에 발생하는 혼신, 장애 상황을 실시간으로 파악할 수 있는 모니터링 시스템을 운영한다. 이 시스템은 관제사와 조종사 간의 교신내용을 파악하여 항공기의 위치정보를 시각적으로 알려주는 것이다.

이를 통해 통신 중 혼신, 장애가 발생하여도 항공기의 위치를 시각적으로 보여줌으로써 장애 대응체계를 구축하는 데 도움이 될 것이다. 또한 4차 산업혁명 기술을 활용한 점에서 재난 관제 분야의 새로운 길을 개척하였다고 평가된다.

(3) 안티드론 시스템

사우디아라비아의 정유시설 드론 테러를 기점으로 각국에서는 국가 주요시설에 안티드론 시스템을 구축하기 위해 노력 중이다. 인천국제공항공사도 드론 탐지 시스템을 구축하기 위해서 연구를 진행해 왔으며, 2020년 9월 인천국제공항공사는 국내 민간항공 중 최초로 드론 탐지 시스템을 구축하였다. 또한 국토부에서는 공항에서 재밍 건(Jamming Gun, 전파교란, 불법 드론을 잡는 안티드론 장비) 등으로 드론을 제압할 장비를 도입할 수 있는 전파법 개정을 추진함으로써 기존 법에 의해 무용지물이었던 제압 장비를 사용할 수 있도록 할 예정이다.

SECTION 9 한국토지주택공사(LH)

1 기업 소개

한국토지주택공사는 국민 주거생활의 향상과 국토의 효율적인 이용을 통해 국민경제의 발전을 도모하기 위해 설립되었다. 토지의 취득, 개발, 공급 및 도시의 개발, 정비, 주택의 건설, 공급, 관리 업무를 수행하고 있다.

본사는 경상남도 진주에 있으며, 2019년 기준으로 매출액 약 20.5조, 2020년 1분기 기준으로 임직원 수는 약 9,560명이다.

2 전기 직무

한국토지주택공사의 전기직은 주로 전기설비 설계와 내선 공사 업무를 담당한다. 우선 전기설비 설계업무는 신호등, 가로등, 송전철탑 등 도시 내에 전력을 공급하기 위한 수변전설비와 배선, 조명, 전기방재 설비 등을 설계하는 것이며, 내선 공사 업무는 전기를 사용할 수 있도록 전원 설비와 전선로, 부하 설비를 시공하고 유지 보수하는 것이다.

3 추진 사업

(1) 국민 주거안정에 기여

한국토지주택공사는 공공임대주택 공급을 수행한다. 서민의 주택공급기관으로서 약 250만 가구를 건설하여 임대주택을 공급함으로써 국민 주거안정에 기여하였다. 또한 젊은 저소득층을 대상으로 공공임대주택 사업을 진행하였으며, 중산층 주거안정을 위해 마련된 정책인 '뉴스테이 (민간기업형 임대주택)'도 진행하였다. 앞으로도 한국토지주택공사는 공공임대와 같이 서민 주거복지사업에 집중할 계획이다.

(2) 국토의 균형 있는 발전

한국토지주택공사는 국토의 균형 있는 발전을 위해 신도시 조성사업을 진행하고 있다. 국민의 일과 생활공간이 어우러진 환경을 조성하기 위하여 전국에 신도시를 조성하고 있다. 분당, 일산 등 제1기 신도시를 시작으로 남양주, 하남, 인천, 과천에 제3기 신도시를 조성하여 수도권 주택시장 및 서민 주거안정을 위해 지속적으로 노력하고 있다.

4 기업 이슈

(1) 한국판 뉴딜 활성화

한국토지주택공사는 도시재생 뉴딜 활성화를 추진하고 있다. 뉴딜사업지구 23곳의 착공을 계획하여 노후화된 공공시설물과 신혼부부, 청년층을 위한 주거시설, 주차공간 등의 문제를 해결하기 위해 사업을 진행할 예정이며, 스마트시티를 위한 인프라 구축을 통해 자율주행차 시대에 대비하는 사업도 진행할 예정이다. 더욱이 한국판 뉴딜사업을 활성화하여 신종 코로나바이러스 위기를 극복하기 위하여 힘쓰고 있다.

(2) 1인 가구 주거복지 확대

한국토지주택공사는 2022년까지 1인용 장기 공공임대를 늘려 1인용 소형 공공임대주택 공급을 늘리는 방안을 추진할 것이다. 이전에는 신혼부부와 다자녀 가족의 주거취약계층에 정책이 집중되어 있어 1인 가구와 고령층에 대한 주거지원책은 줄어든다는 비판이 있었지만, 최근 1인 가구와 고령화라는 인구 변화를 반영한 주거복지로드맵2.0의 정책에 맞춰 지원이 늘어날 것으로 보인다. 그에 따라 한국토지주택공사는 공실이 늘어나는 오피스, 상가를 주거시설로 개량하여 도심 내 1인용 주거공급을 확대할 예정이다. 앞으로도 1인 가구가 주거복지를 실질적으로 체감할 수 있도록 주거지원책이 마련되어야 할 것이다.

(3) 의무임대기간 종료로 분양전환

한국토지주택공사에서 공급한 10년 공공임대 아파트는 10년간 임대로 살다가 이후 분양받을 수 있는 형태의 공공임대이다. 하지만 이것이 의무는 아니어서 한국토지주택공사는 임대주택의 재고를 줄일 수 없다는 이유로 적극적이지 않았다. 10년 임대 아파트의 분양가는 2개의 감정평가 결과를 산술평균한 가격으로 결정하게 되는데, 임대 당시에 비하면 시세가 크게 올라 많은 분양가를 내야 하는 주민들과 갈등이 생기기도 하였다. 이러한 갈등을 줄이기 위해 세종시에 공급된 10년 임대아파트의 경우 의무 임대기간 전에 조기분양을 결정하기도 했다. 이와 같이 한국토지주택공사는 10년 임대주택 주민들의 부담을 줄여 갈등 없이 분양을 받을 수 있도록 다양한 대책 마련에 힘쓰고 있다.

SECTION 10 한국지역난방공사

1 기업 소개

한국지역난방공사는 집단에너지 공급을 효율적으로 수행함으로써 에너지 절약과 환경 개선에 기여하고, 국민생활의 편익을 도모하기 위하여 설립된 공기업이다. 열병합발전소 등 경제적인 에너지공급시스템의 운영을 통해 지역에 냉난방을 안정적으로 공급하여 국민의 편익을 증진하는 데 기여하였다.

본사는 경기도 성남시에 있으며, 2019년 12월 기준으로 매출액 약 2.3조, 임직원 수는 약 2,138명이다.

2 전기 직무

한국지역난방공사의 전기직은 화력발전설비 설계 및 운영, 송변전·배전설비 설계 및 운영, 전기기기 유지 보수, 전기설비 설계 등을 수행한다.

화력발전설비 설계 및 운영 업무는 화석연료를 사용하여 전력을 생산하는 화력발전소를 설계하고 전기를 안정적으로 생산·공급하기 위하여 발전설비를 운영하는 것이다. 다음으로 송변전·배전설비 설계 및 운영 업무는 발전소에서 생산된 전기를 수용가에 안정적으로 공급하기 위해 설계기준에 맞도록 설계하며 문제가 없도록 주기적으로 점검하고 운영하는 것이다. 그리고 전기기기 유지 보수 업무에는 발전기, 전동기, 변압기, 개폐기, 보호계전기 등의 이상유무를 확인하고 정상 동작하도록 유지·관리하는 일이 포함되며, 전기설비 설계 업무는 전기를 수전하여 적합한 전압으로 변환하고 전력을 공급하기 위한 수변전설비, 예비전원설비, 배선설비 등에 대한 설계가 포함된다.

3 추진 사업

(1) 에너지효율을 높이는 지역난방 사업

한국지역난방공사의 주요사업은 열병합발전소 등에서 대규모 열생산시설을 통해 각 아파트, 상업용 건물, 공공기관 등의 다수 시설에 열 에너지를 일괄 공급하는 것이다. 즉 집단에너지 사업으로 열수송관을 이용하여 주거용, 상업용, 공업용으로 공급해 주는 것으로, 이를 통해 에너지 절약과 대기오염물질 감소, 연료절감효과를 거두고 있다.

(2) 연계형 신재생에너지 사업

한국지역난방공사는 태양광, 소각열 및 소각증기, 매립가스 및 바이오가스, 우드칩 등을 활용하여 열과 전기를 생산하고 공급하는 신재생에너지 사업을 진행하고 있다. 국내 최초로 바이오가스 열병합발전시설을 준공하여 기존의 집단에너지 시설과 신재생에너지를 연계하여 버려지는 에너지원을 이용한 사업을 추진하였으며, 폐열, 소각열, 버려지는 재선충목으로 생산한 전기와 열을 판매 및 공급하고 있다.

(3) 신재생에너지 융복합 지역냉난방 사업

한국지역난방공사는 집단에너지 네트워크를 구축하여 열을 수송하는 방식의 플랫폼 사업을 추진 중이다. 신재생에너지를 활용하여 생산되는 열을 우선적으로 사용하고, 남거나 부족한 곳에 열을 수송하는 방식이다. 이는 미활용되는 열을 수요가 필요한 곳에 수송하여 공급함으로써 효율성을 높이고 수익성을 증대시킬 수 있을 것으로 보인다. 우선 잠실, 현대차 신사옥 등에서 시범사업을 추진할 계획에 있다.

4 기업 이슈

(1) 제8차 중장기 경영전략 수립

한국지역난방공사는 "LINK-ALL 한난! 깨끗한 에너지로 국민을 행복하게"라는 새로운 슬로건을 발표하였다. 정부의 미세먼지 저감정책을 실행하기 위해 친환경, 고효율, 저탄소 에너지의 확대를 목표로 하고 있다. 이를 위해 LNG 열병합발전소를 설계 및 착수할 계획이며, 차세대 냉방시스템인 청정냉방을 보급하기 위해 노력하고 있다. 이를 통해 대기오염물질을 감소시키고 미세먼지 저감에 대응하고 있으며, 재생에너지의 잉여전력을 열로 저장하는 P2H(Power to Heat) 등 미래 신사업을 추진하여 지속적인 성장을 위해 노력하고 있다.

(2) 지역난방비 인상

한국지역난방공사는 지역난방비를 2013년 4.9% 인상한 후 5년간 동결하다가 2018년 0.53%, 2019년 3.79% 인상하였다. 이는 지역난방의 주요 연료인 천연가스의 가격이 오르면서 도시가스 요금이 인상되었기 때문이다. 이에 따라 한국지역난방공사는 2018년 사상 첫 적자를 기록하였으며, 2019년도에도 다양한 변동요인을 고려하여 지역난방비 인상을 결정하였다.

한국지역난방공사는 앞으로 원가절감을 위해 노력하고, 요금인상 요인을 최소화해 나가겠다는 입장을 밝힌 바 있다.

MeMo

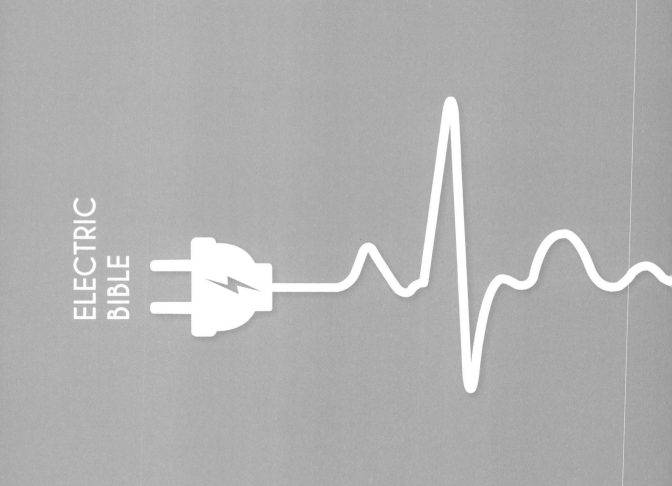

ELECTRIC
BIBLE

PART

02

공기업 전기직
전공면접 필수이론

CHAPTER

01

전기설비

⚡ 주요 Key Word

#전기 흐름   #전기설비

#전력설비   #전봇대

SECTION 1
전기의 흐름

전기의 생성부터 우리집에서 전기(220V)를 사용하기까지의 과정에 대해 알아보자.

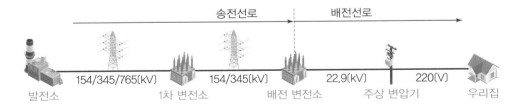

[전기가 사용되기까지 과정]

　　발전소에서 송전탑과 변전소를 거치고 주상 변압기를 거쳐 우리집에 220V가 들어오게 된다. **우리나라 전력의 소비는 서울, 경기도, 대도시와 같이 특정 지역에 밀집되어 있는 반면, 전기를 만들어내는 발전소의 위치는 대부분 인적이 드문 해안가에 위치**하고 있다. 발전소에서 전기를 생산하여 먼 지역까지 전력손실을 줄이고 높은 효율로 송전하기 위해 전압을 승압시켜 보낸다. 그리고 도심 근처로 오면서 1차 변전소, 배전 변전소를 통해 22.9kV로 강압시키 게 되고 이를 주상 변압기를 통해 220V로 낮춰 우리가 사용하게 되는 것이다.

참고로 한전 자료에 따르면 765kV 송전방식의 경우 345kV에 비해 수송능력은 약 3.4배 크며, 동일 전력수송 시 부지면적은 53% 정도로 줄어들고, 송전손실을 7분의 1로 감소시킬 수 있다고 한다.

① **발전소** : 원자력, 화력, LNG 등을 통해 전력 생산

② **발전소 승압변압기** : 발전소에서 발생한 전압을 154kV/345kV/765kV로 승압하여 1차 변전소로 송전

③ **송전선로** : 높은 전압으로 승압된 전력을 장거리 대량 수송

④ **1차 변전소** : 송전선로에서 공급받은 전압을 154kV/345kV로 강압하여 2차 변전소 혹은 배전용 변전소로 송전

⑤ **배전용 변전소** : 수용가 밀집 부근에서 전압을 22.9kV로 강압하여 배전선로에 전력 공급

⑥ **배전선로** : 고압 수용가에서 사용할 수 있는 전압인 22.9kV으로 전력을 공급하거나 주상 변압기를 통해 220V/380V로 낮춰 수용가에 공급

❖ 22.9kV는 엄밀히 말해서 특고압으로 분류되지만 이 책에서는 편의상 고압이라 표현하겠습니다. 실무에서도 특고압이라 표현하지 않고 주로 고압이라 부릅니다.

PART
02
공기업 전기직 전공면접 빈출이론

SECTION 2 **배전 및 전력 설비**

배전선로에서 수용가의 전기가 사용되는 과정 및 전력설비에 대해 알아보려 한다.

먼저, 고압전주와 공장(고압 수용가), 일반 수용가(저압 수용가)로 편의상 분류하였다. 우리 주변에서 흔히 볼 수 있는 전봇대와 공장들, 그리고 우리집에 전기가 어떻게 흘러들어오고 있으며 전기와 관련된 설비들은 어떻게 구성되어 있는지 공부해보도록 하자.

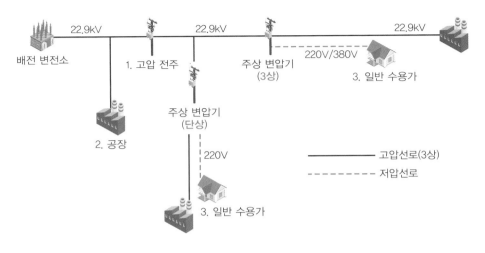

[배전선로 모식도]

1 고압전주

고압전주는 쉽게 말해 여러 가지 전기설비들이 붙어있는 큰 전봇대를 말한다. 이 전봇대에 붙어 있는 설비들은 다음과 같다.

[고압 전주 및 설비]

(1) 가공지선

가공지선은 전봇대(전주)의 가장 상단에 위치하여 낙뢰로부터 배전선로와 기기를 보호하는 역할을 한다.

[가공지선]

(2) 고압전선

전선의 재질은 크게 구리 또는 알루미늄으로 구성된다. 구리는 전기전도도(전기적 특성)가 우수한 장점이 있으며, 알루미늄은 구리에 비해 가볍고 전기전도도가 약 2/3 수준으로 비교적 우수하며 무엇보다 가격이 싸다는 장점이 있다. 한때 농촌에 구리로 된 저압전선을 훔쳐 달아나는 범죄가 기승했던 적이 있었다. 그래서 농촌지역의 저압전선은 현재도 구리선 대신 가격이 저렴한 알루미늄 전선으로 설치되기도 한다.

배전선로에서 22.9kV는 선간전압을 의미한다. 위의 사진([가공지선])을 참고해 보면 3개의 고압선이 평행하게 지나가고 있는데 편의상 A, B, C 상이라고 하자. 그러면 A–B상, B–C상, C–A상 간의 전압이 22.9kV라는 말이다. 만약 상전압, 즉, 중성선과 A상의 전압을 말한다면 13.2kV가 되는 것이다(상전압은 선간전압 22.9kV의 $\frac{1}{\sqrt{3}}$ 이기 때문이다).

(3) 애자

애자는 전선을 지지물(전주)로부터 충분한 절연상태를 유지시켜 주고 전선을 지지물에 고정하는 역할을 한다. 쉽게 말해서 전선에 전기가 흐르는 상황에서 전선을 전주에 안전하고 확실하게 잡아주는 역할을 한다.

애자의 재질은 과거에는 자기제를 쓰다가 현재는 폴리머 재질을 사용하는 추세로 변화하고 있다. 자기제는 쉽게 말해 도자기를 생각하면 된다. 자기제는 다음 사진([애자]–〈LP애자〉)에서 볼 수 있듯이 무겁고 깨지기 쉬운 단점이 있기 때문에, 가볍고 파손 우려가 적은 폴리머 재질로 점차 바뀌고 있는 것이다. 아래 사진([자기제 및 폴리머 애자])에서 전선의 방향이 각도가 있어 현수애자가 양쪽에 설치되어 있는데 좌측 3상이 폴리머 재질이며, 우측 3상은 자기제 재질로 혼용되어 있는 것을 볼 수 있다.

고압전선용 애자에는 크게 현수애자와 LP(Line Post)애자 2종류가 있다.

① **현수애자** : 현수애자는 전선의 방향에 각도가 있거나(예를 들어, 커브길에서 전선의 방향이 크게 바뀔 때), 전선의 장력을 견디도록 이도 조정 등을 견고히 할 필요가 있을 때 사용한다.

② **LP애자** : LP애자는 Line Post 애자의 약자로서 고압전선에서 선로용으로 전선을 지지해 주는 역할을 한다. 간단히 말해 전선이 직선으로 쭉쭉 뻗어나갈 때 전선을 이 LP애자 위에 얹어 고정하는 방식으로 활용하고 있다.

〈현수애자〉

〈LP애자〉

[애자]

[자기제 및 폴리머 애자]

③ **저압애자** : 저압전선용 애자는 아래 사진([저압전선용 애자])과 같이 주로 수직으로 배열되어 있으며, 역할은 고압전선용 애자와 같다. 참고로 가장 위 초록색 애자가 중성선용 애자이며, 아래 백색 애자 3개가 저압전선용 애자이다.

[저압전선용 애자]

(4) COS(Cut Out Switch)

COS는 주로 주상 변압기 1차 측에 부착하여 변압기를 보호하거나 한전선로와 고객선로의 책임분계점 역할을 한다. COS에는 퓨즈링크라는 퓨즈가 포함되어 있는데, 고장전류(단락전류 등)가 흐르게 되면 퓨즈링크가 용단되어 COS가 개방된다.

[COS]

또한 책임분계점에 대한 설명을 하면 먼저 앞의 사진([COS])에서 오른쪽 사진을 보자. 현재 한전 배전선로에서 대단지 아파트로 전기가 지중선로로 공급되고 있는데, 이때 COS가 책임분계점 역할을 한다. 즉, '한전에서는 여기([COS])까지 전기를 공급해 주었으니 이후부터는 당신들이 알아서 하시오!'라고 말할 수 있는 경계가 되는 역할을 하는 것이 COS다. 모든 고압 수전설비에도 경계역할을 하는 곳이 존재하는데 그 경계역할을 하는 것이 COS라고 보면 된다. 그래서 COS 이후에 발생하는 문제에 대해서는 한전의 책임이 아닌 아파트나 수전설비 전기안전관리자가 책임을 진다.

(5) 주상 변압기

배전선로의 고압(22.9kV)은 주상 변압기를 거쳐 220V 또는 380V로 강압된다. 주상 변압기가 3개로 구성되면 단상 220V(상전압)뿐 아니라 380V(선간전압)로 강압할 수 있지만, 주상 변압기가 1개로 구성되면 단상(220V)만 공급할 수 있음을 주의해야 한다.

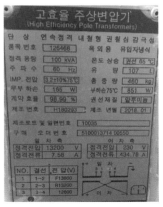

[주상 변압기]

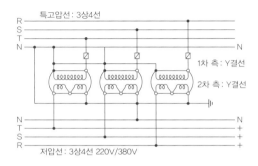

[주상 변압기 결선]

참고로 주상 변압기는 소유도 관리도 한전의 몫이지만, 고압 수전설비의 변압기 소유와 책임은 고객이다(앞의 COS 설명에서 COS 이후의 수전설비에 대해서는 한전이 아닌 수전설비 전기안전관리자의 책임이라고 언급함.). 또한 앞의 결선도에서 볼 수 있듯이 주상 변압기는 Y-Y결선으로 구성되어 있음을 알 수 있다.

(6) 중성선 및 저압전선

육안상으로 고압전선과 달리 저압전선은 주로 수직으로 배열되어 있다. 아래 사진([중성선과 저압전선])에서 가장 상단에 있는 선이 중성선이다. 중성선은 주로 고압전선과 저압전선의 공용으로 사용되고 있다. 그리고 아래 3개의 전선이 저압전선으로서 수용가에 저압을 공급하는 역할을 하게 된다. 중성선과 저압전선 1개의 전압(상전압)은 220V이며, 저압전선 간의 전압(선간전압)은 380V가 된다.

[중성선 및 저압전선]

고압전선에서 주상 변압기를 거쳐 수용가에서 사용되는 저압으로 바뀐 후, 저압전선을 통해 수용가에 공급하게 된다. 위의 사진([중성선 및 저압전선])에서 오른쪽 사진에 대해 부연 설명을 하자면 사진의 장소 근처 주상 변압기에서 강압된 저압이 수용가까지 흘러가는 과정이라 보면 된다. 저압전선이 밀집된 수용가에 짧게 존재할 수도 있지만, 수용가가 띄엄띄엄 있을 경우에는 전선이 길게 이어져서 공급을 하게 된다. 강압된 전기가 철수네에 전기를 공급해 주고, 저압전선으로 쭉쭉 이어지다가 영희네에도 전기를 공급해 주며, 최종적으로 변압기 용량만큼 공급하는 수용가에 도착해서야 저압전선의 역할이 끝나게 되기 때문이다.

(7) 공가설비

통신케이블 등 통신선(케이블TV, 인터넷, 전화 등)이 전주에 설치되어 있는 것을 공가설비라 한다. 통신사(SK, LG 등)에서는 통신용 전주를 설치하기보다는 비용절감 차원에서 한전 전주에 일정 비용을 지불하고 공가설비를 설치하여 전력설비들과 함께 존재한다. 앞의 사진들을 자세히 보면 통신선들을 돌돌 말고 있는 조가용 선도 볼 수 있다.

(8) 지선

지선은 전선의 장력이 발생하는 반대쪽에 설치하여 전주의 강도를 보강해 주는 역할을 한다. 전선이 받는 힘에 따라 전주도 장력을 받게 된다. 예를 들어, 아래 사진([지선 및 지선주])처럼 굽이치는 시골길에 전주를 심었을 때 전선에 의해 전주는 앞쪽으로 힘이 쏠리게 되므로 전선에 의한 장력으로부터 균형을 맞춰 전주가 오랜 기간 똑바로 서있을 수 있도록 반대쪽에 지선을 설치해야 한다. 지선을 설치할 곳이 마땅치 않을 때는 아래 오른쪽 사진([지선 및 지선주])과 같이 지선주(지선을 연결한 전주)를 설치하여 지선을 연결하는 방법이 있다.

[지선 및 지선주]

(9) 주상 부하 개폐기

주상 부하 개폐기는 이름에서도 알 수 있듯이 전봇대에서 부하를 단순히 개폐 조작한다는 의미이다. 차단기와 리클로저와는 달리 개폐기는 고장전류를 차단하는 능력은 없다. 요즘 개폐기 조작은 자동화 시스템을 통해 조작센터에서 On/Off를 할 수 있지만 수동으로 On/Off 하는 곳도 존재한다.

[주상 개폐기]

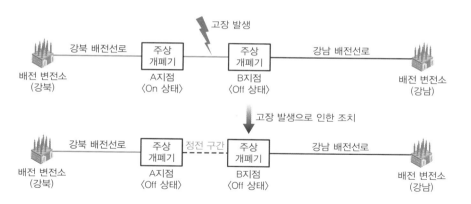

[주상 개폐기 활용 개념도]

위의 그림([주상 개폐기 활용 개념도])에서 주상 개폐기를 통해 부하의 개폐가 어떻게 이뤄지는지 알아보자. 현재(평상시에는) 강북 변전소와 강남 변전소에서 인출된 각각의 배전선로를 통해 부하로 전기가 공급되고 있다. 강북 배전선로와 강남 배전선로는 B지점을 경계로 각각 B지점까지 전력공급을 하고 있다. 하지만 A지점과 B지점 사이에 수용가에서의 문제나 기타 등의 사유로 지락, 단락 등의 고장이 발생했다고 가정해보자. 고장이 지속적으로 배전선로에 전반적인 파급을 주기 전에 한전 측에서 A지점의 개폐기를 개방(Off)하게 됨으로써 정전구간(A지점과 B지점 사이)을 최소화하게 된다. 사고 파급으로 전체 선로에 정전이 발생하기 보다는 차라리 사전에 정전구간을 만들어 정전구간을 최소화하는 것이 더 낫기 때문이다.

이처럼 고장 시 고장구간 검출 및 분리하는 역할과 부하를 조정하기 위해 개폐하는 것을 부하 개폐기라 한다. 이 외에도 개폐기를 이용한 부하 조정은 실제 공사에서도 많이 쓰이고 있다. 정전구간 즉, 사선구간(전기가 흐르지 않는 구간)에서 현장 작업자들이 보다 안전하게 작업할 수 있는 환경을 만들어 줄 수 있기 때문이다.

(10) 피뢰기

낙뢰 또는 회로개폐(개폐서지)에 대한 이상전압으로부터 전기기기를 보호하고 속류를 차단하는 보호장치이다. 주로 낙뢰 고장이 빈번한 지역이나, 가공선과 지중선과의 접속개소와 리클로저, 주상 개폐기 등의 전원 측과 부하 측에 부설한다. 쉽게 말해 낙뢰로부터 비싼 기기(리클로저, 개폐기 등)를 보호하거나, 낙뢰사고 시 복구가 어렵고 힘든 개소(지중)에 이상전압을 방지하기 위해 설치한다고 생각하면 된다.

[피뢰기]

2 공장(고압수용가)

이번에는 고압수전을 받는 공장에 대해 설명하고자 한다. 공장이라고 해서 모두 고압수전을 받는 것은 아니지만, 어느 정도 규모가 있는 공장은 주로 고압수전을 받으므로 편의상 공장을 고압수용가로 표현하겠다.

앞에서 22.9kV가 주상 변압기를 통해 220V 또는 380V로 강압되어 수용가에 저압을 공급하는 것을 설명하였다. 이처럼 한전에서 관리하는 주상 변압기를 통해 저압을 공급하는 방법 외에도 고압(22.9kV)을 수용가에 공급하여 고객 측이 자신의 변압기를 통해 고압을 저압으로 강압하여 전기를 사용하는 방법이 있다. 간이수전설비와 정식수전설비를 통해 한전 선로로부터 고압을 공급받게 되는데, 우리 주변에서 흔히 볼 수 있고 육안으로도 쉽게 알아볼 수 있는 간이 수전설비(수전설비용량이 1,000kVA 이하)에 대해 자세히 알아보도록 하자.

❖ 수전용량이 1,000kVA 이하의 경우 수용가에서는 정식수전설비(CB, 계전기의 조합 포함) 대신에 간이 수전설비(CB, 계전기의 조합 미포함)를 갖춰도 됩니다. '용량이 적은 경우는 차단기와 계전기 없이 간이 수전설비만으로도 어느 정도 충분하니 경제적으로 부담갖지 않는 선에서 하도록 하자'는 것이 그 목적입 니다. 아무래도 수용가 측에서는 수전용량이 그리 크지도 않은데 정식수전까지 구비하려면 큰 부담이 되 기 때문입니다.

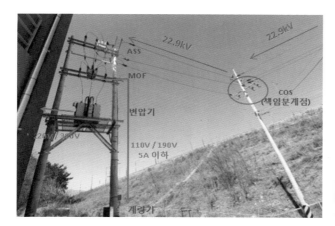

[간이수전설비]

(1) 자동고장구분개폐기(ASS ; Auto Section Switch)

ASS는 가공선로의 고객 인입점에 설치되어 선로 구분 기능을 가지고 있으며, 수용가 측의 사고 발생 시 고장전류를 감지하여 자동으로 고장구간을 분리하는 개폐기이다. 800A 미만의 과부하 또는 이상전류에 대해서는 자동차단을 하며, 수용가 측의 지락이나 단락으로 인한 800A 이상의 높은 고장전류에 대해서는 변전소의 차단기(CB) 또는 리클로저가 동작한 뒤(순간 적인 정전 발생) 무전압상태에서 ASS의 개방이 이뤄진다(차단기 또는 리클로저의 차단동작 후 다시 전원 이 공급된다. CHAPTER 03의 차단기 동작책무, 리클로저 내용 참조). 이상전류나 고장전류의 원인이 되는 수용가 측의 ASS가 개방되었기에 인근 수용가로의 파급 확대를 방지할 수 있는 것이다.

ASS는 22.9kV−Y의 300kVA 이상 1,000kVA 이하의 특별고압 수전설비에 대하여 설치하도록 의무화되어 있다. 수전용량이 300kVA 이하의 경우 ASS 대신 기중부하개폐기(IS, Interrupter Switch)를 사용할 수도 있다.

(2) 계기용 변성기(MOF ; Metering Out Fit)

MOF는 이름에서 알 수 있듯이 전기계량기가 계량을 할 수 있도록 고전압, 대전류를 저전압, 소전류로 낮춰 준다. 계량기가 고전압, 대전류를 계량할 수는 없기 때문이다. MOF를 거치지 않고 계량하게 된다면 계량기는 아마 견디지 못하고 폭발하고 말 것이다.

 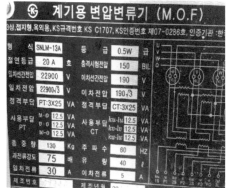

[MOF 및 MOF 명판]

위 사진([MOF 및 MOF 명판])에서 22.9kV를 수전 받아 ASS를 거쳐 MOF로 흐르게 되면 MOF(CT, PT의 기능 수행)를 거쳐 저전압, 소전류가 계량기로 흐르게 된다. MOF는 전압비와 전류비로 나눌 수 있는데, 먼저 전압비는 항상 120배로 동일하다. 상전압(13.2kV) / 선간전압(22.9kV) → 상전압(110V) / 선간전압(190V)으로 낮춰지므로 전압비 $= \dfrac{13,200}{110} = \dfrac{22,900}{190} = 120$ 배가 된다.

전류비는 수전설비 용량에 따라 MOF의 1차 전류 값이 달라진다. MOF 2차 전류는 항상 5A로 일정하기 때문에 결국 MOF 1차 전류에 따라 전류비가 달라지는 것이다. 위 사진([MOF 및 MOF 명판])에는 30A → 5A 비율로 낮춰지는 것이므로 전류비는 6배가 된다.

계량기는 이렇게 낮춰진 전압과 전류를 통해 계량을 하게 되고 나중에 측정된 유효전력값에 전압비와 전류비를 곱하여 실제 유효전력값으로 수용가에게 요금을 청구하게 된다. (CHAPTER 03의 전력공학 SECTION 7 MOF 참조.)

다음 사진([MOF 관련 설비])을 참고해 보면 MOF 1차 측에는 주로 LA(피뢰기)와 PF(전력퓨즈)를 부설한다. 전력퓨즈의 생김새는 COS와 상당히 흡사하지만 COS보다 크기가 더 크며 단락전류 차단을 목적으로 부설한다. 300kVA 이하의 소규모 수전설비에서는 PF 대신 COS를 주회로 보호용으로 사용할 수도 있다.

❖앞의 MOF 명판에서 1차 선간전압은 22,900V로 맞게 적혀 있지만, 상전압을 의미하는 1차 전압은 $22,900/\sqrt{3}$, 2차 전압은 $190/\sqrt{3}$ 인데 명판에 잘못 적혀있음을 주의!!

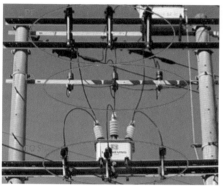

[MOF 관련 설비]

(3) 변압기

고압이 ASS를 거쳐 MOF 1차 측에서 변압기로 흐르면서 강압이 이뤄지게 된다. 주상 변압기에서와 마찬가지로 22.9kV의 고압을 220V 또는 380V로 강압하여 수용가의 입맛에 맞게 변화시킨 뒤 전기를 사용하게 된다. 주상 변압기와 마찬가지로 변압기 1차 측에는 COS를 설치하여 변압기를 보호한다. 수전설비의 변압기는 주로 Δ-Y결선을 이용하는데 22.9kV를 결선하고 2차를 Y결선하여 220V 또는 380V를 원하는 대로 사용하도록 결선하는 것이다.

[변압기]

정식수전설비와 간이수전설비의 차이는 무엇인가요?

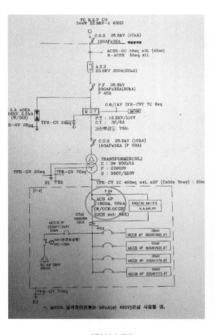

〈정식수전〉

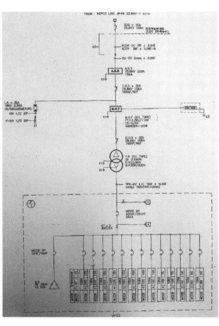

〈간이수전〉

[정식수전 및 간이수전 도면]

정식수전설비와 간이수전설비의 큰 차이점은 고압차단기(CB)와 계전기의 유무이다. 고압(22.9kV)으로 수전 받을 때 수전설비 용량이 1,000kVA 이상인 경우에는 차단기를 포함한 정식수전설비를 갖춰야 한다.

위의 사진([정식수전 및 간이수전 도면])을 보면 좌측이 정식수전설비 도면이고 우측이 간이수전설비 도면이다. 정식수전설비 도면에서는 ACB 고압차단기와 각종 계전기의 조합으로 구성되어 있는 반면, 간이수전설비에는 CB와 계전기의 조합이 구성되어 있지 않다. 정식수전설비는 간이수전설비와는 달리 사진 한 장으로 한눈에 담기 어려워 생략한다. 독자분들께서는 단순히 간이수전설비에 CB(ACB, VCB 등)와 계전기가 추가된 것으로 기억하면 된다.

3 일반 수용가(저압수용가)

앞에서 고압 수전을 받는 수용가에 대해 설명을 하였다. 다음으로 일반 가정집이나 주로 농사용 전기로 공급되고 있는 저압수용가에 대해 설명한다.

(1) 단상 수용가

주상 변압기로 강압된 단상 저압(220V)은 저압전선을 통해 수용가에 이르게 된다. 전선 2개 중 상단이 중성선, 하단이 전력선으로 구성된다. 그래서 아래의 사진([단상 수용가])에서 볼 수 있듯이 목표 수용가에 도달한 곳에서 인입선(수용가의 인입구에 전기를 공급하기 위한 전선)을 통해 전기가 공급되는 것이다.

[단상 수용가]

(2) 3상 수용가

주상 변압기로 강압된 3상 저압(220V/380V)은 저압전선을 통해 수용가에 이르게 된다. 단상으로 공급되는 것과 달리 3상은 전선이 4개인 것을 알 수 있다. 가장 상단이 중성선이며, 아래 3개의 전선이 전압선이다. 그래서 중성선과 한 상과의 전압은 220V가 되는 것이고, 선간전압은 380V가 되는 것이다. 단상 공급과 마찬가지로 목표 수용가에 도달한 곳에서 인입선(수용가의 인입구에 전기를 공급하기 위한 전선)을 통해 전기가 공급된다. 고객은 3상 전원을 공급받아 220V 또는 380V를 본인의 목적에 맞게 쓰게 된다.

[3상 수용가]

(3) 저압용 설비

저압용 설비는 고압수전설비와 달리 대부분 아래 사진([저압용 설비])과 같이 주로 MCCB(배선용 차단기)와 ELB(누전차단기)로 단순하게 구성되어 있다.

※ 저압전선과 인입선을 통해 계량기로 흐른 전기는 계량기에서 메인차단기(MCCB)를 거쳐 흐르게 된다.

[저압용 설비]

앞에서 설명한 단상 수용가에서 계량기함을 열어보면 앞의 사진([저압용 설비])에서 왼쪽 사진처럼 구성되어 있다. 인입선을 통해 전기가 먼저 수용가의 계량기로 들어가게 되고, 계량기 2차 측에 연결한 전선이 MCCB로 연결되어 있다. 그래서 전기가 사용되는 만큼 계량기에서 계량되어 전기요금을 부과하게 된다. MCCB가 메인차단기가 되는 것이고, ELB는 분기회로의 차단기로서 구성된다.

① **배선용 차단기**(MCCB ; Mold Case Circuit Breaker) : MCCB는 배선용 차단기로서 NFB(No Fuse Breaker)라고도 불린다. MCCB는 저압 옥내회로 보호에 사용되는 차단기로서 회로의 과부하 차단 목적으로 설치한다. 퓨즈를 사용하지 않기 때문에 차단 후에도 곧바로 투입시킬 수 있어 기능면에서 간편하다는 장점이 있다. ELB와 달리 고감도 누전 차단 목적이 아니고 단순히 과부하 차단 목적으로 사용할 경우에 MCCB를 설치한다.

② **누전차단기**(ELB ; Earth Leakage circuit Breaker) : ELB는 누전차단기로서 부하 측의 누전에 의한 지락전류 발생 시 이를 검출하여 회로를 빠른 시간 내 차단하는 보호설비이다. 앞의 사진([저압용 설비])에서 볼 수 있듯이 분기회로의 차단기로 누전차단기를 사용하는 이유는 누전이나 감전 등이 발생하면 감지된 회로의 전기를 바로 끊어주어야 하기 때문이다. 아주 미세한 누전(30[mA])이 발생해도 0.03초 이내에 고속으로 차단이 이뤄지게 된다. 누전차단기 내부에는 영상변류기(ZCT)가 삽입되어 있는데, 부하 측으로 들어가고 나오는 전류의 값이 달라지면 누전이 되고 있다고 판단하여 차단기가 떨어지게 되는 것이다. 정리하자면 누전차단기는 배선용 차단기의 기능을 가지고 있으면서 누전감지 기능을 추가로 가지고 있다고 생각하면 된다. 즉, 과부하로 인해 차단기 용량 이상의 전류가 흘러 차단기가 차단하거나, 누전에 의해 차단하거나 2가지가 가능하다는 의미이다. 그렇기 때문에 당연히 ELB가 MCCB보다 기능이 더 좋고 가격 또한 더 높다.

③ **변류기**(CT ; Current Transformer) : CT는 MOF와 마찬가지로 계량기가 계량을 할 수 있도록 대전류를 소전류로 낮춰주는 역할을 한다. 다음 사진([변류기(CT)])에서 CT가 200A/5A 변류비라 한다면 부하전류가 200A 흐를 때 계량기로 들어가는 전류는 5A로 된다. 부하로 연결된 전선과 계량기로 연결된 전선의 굵기만 보더라도 전류의 크기를 비교해 볼 수 있을 것이다. 그래서 나중에 계량기에 표시된 전력량이 100kWh라고 가정한다면 변류비 200/5(40배)만큼 곱해주어 4,000kWh만큼의 요금을 부과하게 되는 것이다. CT 부설 여부는 수용가와 한전 간의 계약전력을 기준으로 나누게 된다. 그래서 단상 20kW, 삼상 60kW 이상일 경우 CT 부설을 해야 한다. 일반 가정집의 경우 계약전력이 대부분 3kW에

불과하다는 점을 고려한다면 부하전류가 많이 클 때 계량기로 전선을 바로 연결하기 어렵기 때문에 CT를 통해 낮춰진 소전류로 계량을 하도록 한다.

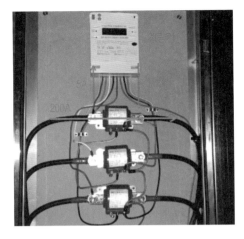

[변류기(CT)]

누전

누전은 전선의 피복이 벗겨져 절연이 불완전한 상태이거나 전기설비 쪽에 문제가 발생하여 전기가 전선 밖으로 새어 흐르는 것을 의미한다. 전선이 낡아 절연피복이 벗겨지거나 비 오는 날 실외의 전기시설물에 빗물이 닿았을 때 등의 사유로 누전이 발생하게 된다. 그래서 주로 화장실, 세탁기, 보일러 등에서 누전이 많이 발생한다.

분기회로마다 누전차단기 설치를 권장하는 이유

집에 두꺼비집(차단기함)을 열어보면 화장실, 창고, 거실 등으로 구분하여 누전차단기가 설치되어 있는 것을 볼 수 있다. 만약에 구분하지 않고 화장실, 거실 등을 하나의 회로로 구성하여 하나의 누전차단기로 설치를 한다면 나중에 실제로 누전이 발생했을 때 어느 지점에서 누전이 발생했는지 찾기가 엄청 어려워지게 된다. 반대로 회로를 분기하여 누전차단기를 사용할 경우에는 누전되는 곳만 차단되기 때문에 그 회로에서만 문제점을 찾아내면 될 것이고, 나머지 분기회로에는 정상적으로 전기를 공급할 수 있기 때문에 피해도 최소화할 수 있다는 장점이 있다.

더 알아 보기

수용가(가정)는 저압(220V/380V)만, 공장은 고압(22.9kV)만 수전 가능한가?

정답부터 말하자면 아니다. 고객은 본인의 입장에서 저압수전이 유리할지 또는 고압수전이 유리할 지를 고민해보고 선택하면 된다. 예를 들어, 주택용 전기도 저압과 고압 중에서 선택할 수 있다.

저압수전의 장점으로는 한전 소유의 주상 변압기로부터 강압된 전기를 수전 받아 쓰기 때문에, 즉 정식수전 또는 간이수전 설비가 필요 없으므로 초기자본이 많이 들지 않고, 유지 보수를 할 필요가 없기 때문에 비교적 간소하고 간편하다는 것을 들 수 있다. 하지만 고압수전(주로 아파트 대단지, 대규모 공장)을 받으려면 수용가 측에서 정식수전, 간이수전 설비를 설치해야 하고, 전기안전관리자를 선임하여야 한다. 이에 따른 수전설비 보호에 대한 신뢰성은 높아지나, 수설비에 대한 유지 보수의 책임이 한전이 아닌 수용가 전기안전관리자의 몫이 때문에 비용 부담과 책임 소지가 발생하게 된다. 또한 저압과 고압에 대한 표준시설분담금이 다르게 적용되기 때문에 이 비용 또한 고려대상이 된다.(표준시설분담금 중 기본시설부담금에서 같은 용량에 대해 저압이 고압보다 비용이 더 많이 발생한다.)

공장도 마찬가지이며, 이런 장단점을 비교하여 선택하게 되는 것이다. 참고로 아래는 한전의 주택용 저압/고압 전기요금의 차이를 나타낸 것이다.

⊞ 한전의 주택용 저압/고압 전기요금 차이

[하계(7.1.~8.31.) 기준 (적용일자: 2022.4.1.)]

구간		저압		고압	
		기본요금(월/호)	전력량 요금(원/kWh)	기본요금(월/호)	전력량 요금(원/kWh)
1	300kWh 이하 사용	910	93.2	730	78.2
2	301~450kWh	1,600	187.8	1,260	147.2
3	450kWh 초과	7,300	280.5	6,060	215.5

계약전력 및 지중공급 등에 따라 저압/고압 공급의 범위를 나눌 수는 있지만, 그 부분까지는 이 책에서 고려하지 않기로 한다. 전공의 범위를 넘어서기 때문이다. 단순하게 예를 들자면, 수용가와 한전 간의 계약전력이 100kW일 경우, 수용가의 선택에 따라 저압 또는 고압 수전이 가능하다는 점과, 고압수전설비의 경우 수전설비용량이 1,000kVA 이하면 간이수전설비 또는 정식수전설비를 고객의 선택에 따라 갖추면 되고, 1,000kVA를 초과하면 무조건 정식수전설비를 갖춰야 된다는 점만 확실히 기억하도록 하자.

CHAPTER

02

전기자기학

⚡ 주요 Key Word

#전계   #자계   #가우스   #앙페르

#전자유도   #패러데이   #맥스웰

SECTION 1 **정전계**

Q 정전계에 대해서 설명하세요.

A 정지된 전하의 공간으로서 전계를 만들어내는 전하의 공간을 의미합니다. 또한 가장 안정적이고 에너지가 최소인 상태의 공간을 말합니다.

Q 전하와 전자에 대해서 설명하세요.

A 전하는 물체가 가지고 있는 정전기 양을 의미하며, 양전하와 음전하가 있습니다. 즉, 물질에 존재하는 (+)와 (-) 성질을 띠는 입자들을 전하라고 합니다. 전하의 단위는 쿨롬(C)이고, 1C은 전류 1A가 1초 동안 흘렀을 때 이동한 전하의 양을 의미하며, 1C은 약 $6.25×10^{18}$개의 전자나 양성자의 전하량을 말합니다. 전자는 음전하를 가지고 있는 작은 입자를 말하며, 전자의 전기량은 $e = -1.602×10^{-19}$C입니다.

Q 전위에 대해서 설명하세요.

A 전위란 단위전하에 대한 전기적 위치에너지로서 전계 안의 단위전하를 기준점에서 일정 지점까지 옮겨오는 데 필요한 일(에너지)입니다. 양전하의 전위가 높고 음전하의 전위가 낮으므로, 전류는 높은 위치에너지인 양전하에서 낮은 위치에너지인 음전하 쪽으로 흐르게 됩니다.

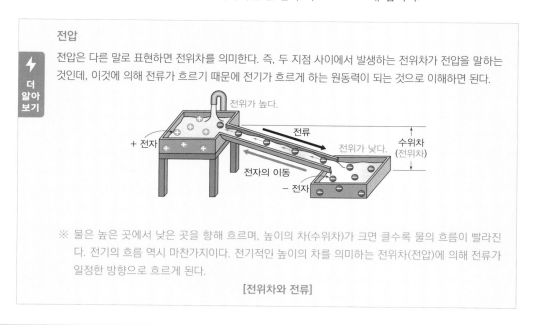

전압

전압은 다른 말로 표현하면 전위차를 의미한다. 즉, 두 지점 사이에서 발생하는 전위차가 전압을 말하는 것인데, 이것에 의해 전류가 흐르기 때문에 전기가 흐르게 하는 원동력이 되는 것으로 이해하면 된다.

※ 물은 높은 곳에서 낮은 곳을 향해 흐르며, 높이의 차(수위차)가 크면 클수록 물의 흐름이 빨라진다. 전기의 흐름 역시 마찬가지이다. 전기적인 높이의 차를 의미하는 전위차(전압)에 의해 전류가 일정한 방향으로 흐르게 된다.

[전위차와 전류]

Q 전계와 전계의 세기(E [V/m])에 대해서 설명하세요.

A 전하를 가진 물체(+나 −의 성질을 띤 물체, 대전체라고도 함.)를 놓았을 때 전기력이 발생하게 되는데 이 전기력이 작용하는 공간을 전계라고 하며, 전기장이라고도 부릅니다.

전계의 세기는 전계 안에 단위전하 +1C을 놓았을 때 이로 인해 작용하는 힘의 크기를 말합니다. 즉, 단위전하에서 임의의 공간의 한 점에 미치는 힘의 크기입니다.

[전계(자기장)]

Q 유전율(ε[F/m])에 대해서 설명하세요.

A 단위에서도 알 수 있듯이 유전체에서 전하를 묶어두는 능력으로 볼 수 있습니다. 즉, 전계에 유전체를 놓았을 경우 주위에 흩어져 있던 전자나 양전하가 전기 쌍극자를 형성하여 분극작용을 일으키는데 이와 같은 분극현상이 발생하는 정도를 유전율로 나타냅니다.

> ⚡ 더 알아 보기
>
> **유전체**
> 절연체(부도체)는 전기가 거의 통하지 않는 물체이며, 이 절연체 중에서 커패시터와 같이 외부에서 전기장을 가했을 때 전기적으로 분극현상이 일어나는 물체를 유전체라 한다.
>
>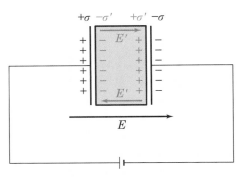
>
> ※ 유전체는 전기적으로 절연되어 있는 절연체(부도체)이지만, 양쪽 극판에 의해 전계가 형성된다. 외부 전계에 의해 (+)와 (−)가 쌍으로 분극현상이 일어나게 되며, 분극현상에 의해 유전체 안의 전계 E는 방향이 반대가 된다.
>
> [유전체와 분극현상]

Q 쿨롱의 법칙에 대해서 설명하세요.

A 두 전하 사이에 작용하는 힘을 나타낸 법칙으로서 $F = k\dfrac{Q_1 Q_2}{r^2}$ (여기서, k : 쿨롱 상수)로 나타냅니다. 즉, 두 전하 사이에 작용하는 힘은 거리의 제곱에 반비례하며 두 전하량에 비례하여 결정됩니다. F가 음수인 경우, 즉 전하가 하나는 +, 하나는 −인 경우에는 인력이 작용하며 양수인 경우에는 척력이 작용합니다.

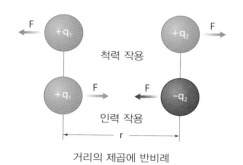

[쿨롱의 법칙]

Q 가우스 정리(가우스 법칙)에 대해서 설명하세요.

A 우리는 전기선속의 개념을 이용하여 전계의 세기를 쉽게 구하기 위해서 가우스 정리를 활용하고 있습니다. 가우스 정리에 대해 간단하게 설명하자면 폐곡면(닫힌 공간, 가우스면)에서 총 전기력선에 영향을 미치는 것은 공간 내부의 전하뿐이라는 것입니다. 즉, 가우스면을 통과하는 전기력선은 가우스면 내부의 전하에 비례한다는 것이 핵심입니다.

가우스 정리를 통해 다음과 같이 설명할 수 있습니다.

① $E = \dfrac{Q}{\varepsilon S}$

닫힌 폐곡선(가우스면)을 통과하는 전기력선의 밀도는 전계의 세기와 같습니다.

② 전기력선은 $Q[\mathrm{C}]$에서 $\dfrac{Q}{\varepsilon}$개의 수와 같습니다.

반지름이 r인 구면을 생각하여 다음과 같이 풀이하면 증명할 수 있습니다.

(구형 폐곡면 외에 폐곡면 크기나 형태에 관계없이 결과는 똑같습니다.)

전기선속 $\Phi_c = \oint E dA = E \oint dA = EA = \dfrac{Q}{4\pi\varepsilon r^2} \times (4\pi r^2) = \dfrac{Q}{\varepsilon}$

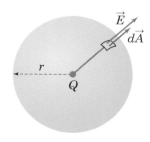

[가우스 정리의 폐곡면]

전기력선

전기력선은 전하의 이동선을 나타낸 가상의 선을 말하며, 전기선속은 전기력선의 총합을 의미한다.

전기력선은 Q[C]에서 $\dfrac{Q}{\varepsilon}$개의 수와 같은 반면, 전기선속은 Q[C]에서 Q개가 발생한다.

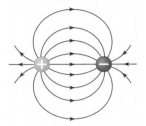

☐ 전기력선은 (+)전하에서 (−)전하 방향으로 들어간다.

[전기력선]

SECTION 2 정자계

Q 정자계와 자위에 대해서 설명하세요.

A 정자계는 정전계의 의미와 마찬가지로 정지된 자하의 공간을 의미하며, 자위(자계 안의 한 점에서의 자위)는 단위자극+1Wb을 기준점에서 그 지점까지 옮겨오는 데 필요한 일을 의미합니다.

Q 자계와 자계의 세기(H [AT/m])에 대해서 설명하세요.

A 자극을 가진 물체(자석과 같은 것)를 놓았을 때 자기력이 발생하게 되는데 이 자기력이 작용하는 공간을 자계라고 하며, 자기장이라고도 말합니다. 자계의 세기는 자계 안에 단위자극 +1Wb를 놓았을 때 이로 인해 작용하는 힘의 크기를 말합니다.

Q 투자율(μ[H/m])에 대해서 설명하세요.

A 투자율은 단위와 공식에서도 알 수 있듯이 자성체에 자기력선이 얼마만큼 통과하기 쉬운지, 얼마만큼 쉽게 자석의 성질이 되는지를 나타내는 능력으로 볼 수 있습니다. 외부 자계(H)에 대한 내부 자속밀도(B)의 비율을 의미하므로 쉽게 유추해낼 수 있습니다.

자속밀도 $B = \mu H \rightarrow \mu = \dfrac{B}{H}$

> **⚡ 더 알아보기**
>
> **자계 관련 추가 개념**
>
> ① **자기력선** : 자극(자석)에서의 자계의 세기와 방향을 나타낸 가상의 선을 말한다.
> ② **자속** : 전속과 마찬가지로 자기력선의 합으로 보면 된다.
> ③ **자속밀도** : 단위면적에 대한 자속의 수를 의미한다.
> ④ **자성체** : 자석의 성질을 가진 물체로서 자화가 가장 잘 일어나는 순으로 강자성체(철, 니켈, 망간 등), 상자성체, 반자성체(구리, 은 등)로 구분된다.
> ⑤ **자화** : 자성체가 주변 자극에 의해 자석의 성질을 갖게 되는 현상을 말한다.

Q 쿨롱의 법칙에 대해서 설명하세요.

A 정전계에서 설명한 쿨롱의 법칙($F = k\dfrac{m_1 m_2}{r^2}$, 두 전하 사이의 힘은 거리의 제곱에 반비례하고 두 전하량에 비례한다.)은 정자계에서도 똑같이 적용됩니다. 두 자극 사이에는 인력 또는 척력이 발생하므로 두 자극 사이의 힘은 거리의 제곱에 반비례하며, 두 자극의 세기(자하)에 비례합니다.

Q 앙페르의 오른나사 법칙에 대해서 설명하세요.

A 전류에 의한 자계(자기장)의 방향을 결정하는 법칙입니다. 즉, 전류가 흐르는 도선 주변에 자계(자기장)가 형성되는데 오른나사 법칙을 이용하여 전류와 자기장(자계)의 방향 관계를 알 수 있습니다. 다음 그림([앙페르의 오른나사 법칙])을 참고하면 엄지 방향이 전류의 방향, 나머지 네 손가락의 방향이 자계(자기장)의 방향임을 알 수 있습니다.

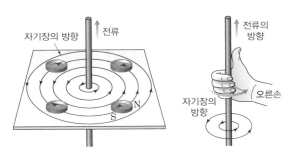

※ '오른나사의 진행방향 = 자계(자기장)의 방향'이다.

[앙페르의 오른나사 법칙]

Q 앙페르의 주회적분 법칙에 대해서 설명하세요.

A 간단하게 설명하면 임의의 폐곡선에 대한 자계의 선적분은 이 폐곡선에 흐르는 전류와 같다는 법칙입니다. 식으로 표현하면 $\oint_c H \cdot dl = NI$ (여기서, N : 코일 감은 수) 입니다.

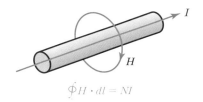

$$\oint H \cdot dl = NI$$

※ 임의의 폐곡선에 대한 자계의 선적분은 이 폐곡선을 통과하는 전류와 같음을 나타내는 법칙이다.

[앙페르의 주회적분 법칙]

Q 전자력에 대해서 설명하세요.

A 자계 내의 도선에 전류를 흘리면 전류와 자계의 직각 방향으로 도선이 움직이는 힘이 발생하는데 그 힘을 전자력이라 합니다. 플레밍의 왼손 법칙을 이용하면 전자력의 방향을 알 수 있습니다. 다음 그림([플레밍의 왼손 법칙과 전자력])에서 보듯이 N극과 S극 사이 도체에 전류를 흘리면 아래쪽으로 전자력이 발생하는 것을 알 수 있습니다. 검지는 자계(자기장)의 방향(N극에서 S극으로 가리키는 방향)이고, 중지는 전류가 흐르는 방향으로 가리키면 엄지의 방향인 전자력의 방향을 알 수 있게 되는 것입니다.

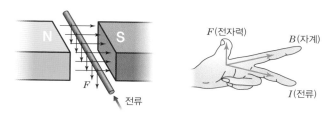

[플레밍의 왼손 법칙과 전자력]

Q 전자유도 법칙에 대해서 설명하세요.

A 전자유도 법칙은 전자기 유도라고도 부르며, 자속의 변화에 의해서 코일에 전류가 흐르게 되는 현상을 말합니다. 코일 주위의 자기장 변화가 전류를 흐르게 하는 기전력을 발생시키기 때문입니다. 여기서 전자기 유도에 의해 흐르는 전류를 유도전류라고 합니다.

유도기전력의 식은 $e = -N\dfrac{d\phi}{dt}$[V]로 표현할 수 있는데 코일에 도선을 많이 감을수록, 자속의 변화율이 클수록 유도기전력이 증가하여 유도전류의 세기 또한 증가합니다.

다음 그림([전자기 유도와 플레밍의 오른손 법칙])을 참고하여 설명하면 자석의 N극을 코일에 접근하게 되면 코일을 지나는 자속이 증가하므로 유도전류는 자속이 증가하는 것을 방해하기 위해 B → A 로 흐르게 되며, 반대로 자석의 N극이 코일에서 멀어지게 되면 코일 내부를 지나는 자속이 감소하므로 유도전류는 자속이 감소하는 것을 방해하기 위해 A → B로 흐르게 됩니다.

또한 이 유도된 기전력의 방향은 플레밍의 오른손 법칙으로 설명될 수 있고, 이 플레밍의 오른손 법칙으로 발전기의 원리도 설명할 수 있습니다.

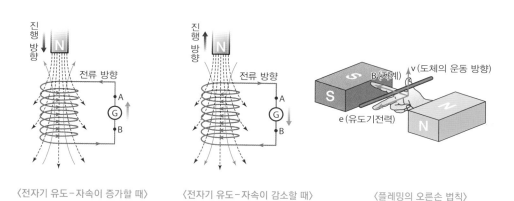

〈전자기 유도-자속이 증가할 때〉　　〈전자기 유도-자속이 감소할 때〉　　〈플레밍의 오른손 법칙〉

[전자기 유도와 플레밍의 오른손 법칙]

Q 패러데이의 법칙과 렌츠의 법칙을 비교하여 설명해보세요.

A 패러데이의 법칙은 전자유도에 의해 발생된 유도기전력의 '크기'는 자속의 변화량에 비례한다는 법칙인 반면, 렌츠의 법칙은 전자유도에 의해 발생된 유도기전력의 '방향'은 자속의 변화를 방해하는 방향으로 진행된다는 법칙입니다.

> **더 알아보기**
>
> **유도기전력과 역기전력의 차이**
>
> 먼저, 기전력은 두 점 사이의 전위차를 발생시켜 전류를 흐르게 하는 힘으로, '전압을 일으키는 힘' 정도로 생각하면 된다.
>
> 유도기전력은 전자유도 법칙에서 자속의 변화에 의해서 코일에 전류를 흐르게 하는 힘을 말하며, 역기전력은 도선을 감은 코일에 전기를 흘려주었을 때 전류의 변화에 따라 코일 내 쇄교하는 자속의 수 또한 변화함으로써 발생하는 힘을 말한다. 즉, 전자기 유도에 의해 전류의 변화를 상쇄하기 위해 코일 내부에 자계가 발생하여 전류의 변화량에 비례하고 방향은 반대인 역기전력이 생성된다. 예를 들어, 전류가 증가하면 코일 내 쇄교하는 자속수가 증가하여 이를 억제하는 방향으로 역기전력이 발생하게 되는 것이다.
>
> 정리하자면 유도기전력은 자속의 변화로 전압을 유도하는 것이고, 역기전력은 코일에 전류를 흘려 반대 전압을 만드는 것이다.

Q 전자유도 법칙과 관련된 현상에는 무엇이 있으며, 그것에 대해서 설명해보세요.

A 와전류와 표피효과가 있습니다.

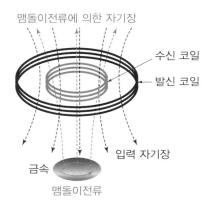

[와전류(금속탐지기)]

먼저, 와전류는 '맴돌이 전류'라고도 불립니다. 전자유도 법칙(패러데이의 법칙, 렌츠의 법칙)에 의해 도체를 통과하는 자속의 변화로 도체에 전류가 유도되는데, 이 전류가 와전류입니다. 와전류가 일상생활에서도 유용하게 이용되고 있는 대표적인 사례가 금속탐지기입니다. 금속탐지기에서 발생되는 자속에 의해 금속에서 와전류가 발생하게 되고 와전류가 만들어내는 자속을 금속탐지기가 감지하는 방식으로 활용되고 있습니다.

다음으로 선에 교류가 흐르면 전선 중심부에서 표면으로 갈수록 전류밀도가 커지는 경향이 있는데, 이를 '표피효과'라고 합니다. 전선의 중심부로 갈수록 전류와 쇄교하는 자속이 커지기 때문에 바깥에 집중해서 흐르게 됩니다.

SECTION 3 전자장

Q 전자장의 의미와 맥스웰 방정식에 대해서 설명하세요.

A 전자장은 전계와 자계의 상호작용이 일어나는 공간을 말하며, 맥스웰 방정식은 전계와 자계의 관계를 나타낸 방정식으로 '가우스 법칙(전계), 가우스 법칙(자계), 패러데이 - 전자기 유도 법칙, 앙페르 법칙' 이렇게 4가지가 있습니다.

첫째, 전계에 대한 가우스 법칙 $\left(\nabla \cdot E = \dfrac{\rho}{\varepsilon_0} \right)$ 은 전하에 의해 전계가 형성됩니다.

둘째, 자계에 대한 가우스 법칙 $(\nabla \cdot B = 0)$ 은 고립된 자극은 존재할 수 없습니다. 즉, 항상 N극과 S극이 함께 존재하며, 들어오는 자기력선과 나가는 자기력선은 서로 반대방향으로 작용하는 같은 크기로서 폐곡면의 총 자속은 0입니다.

셋째, 패러데이의 전자기 유도 법칙 $\left(\nabla \times E = - \dfrac{\partial B}{\partial t} \right)$ 은 변화하는 자계(자속에 의한)에 의해 전계가 발생합니다.

넷째, 앙페르 법칙 $\left(\nabla \times B = \mu_0 J + \mu_0 \varepsilon_0 \dfrac{\partial E}{\partial t} \right)$ 은 변화하는 전계(전류에 의한)에 의해 자계가 발생합니다.

CHAPTER **03**

전력공학

⚡ 주요 Key Word

#선로정수   #조상설비   #접지방식

#이상전압   #변전소   #송배전

선로정수 및 관련 현상

Q 선로정수가 무엇입니까?

A 선로정수는 저항(R), 인덕턴스(L), 정전용량(C), 누설 컨덕턴스(G)를 말합니다.

송배전선로에서 전기적 특성을 나타내기 위해 선로정수를 이용하며, 이 선로정수는 전선의 종류, 굵기, 배치 등에 따라 정해집니다.

$$R = \rho \frac{l}{A} \, [\Omega] \;,\; L = 0.05 + 0.4605 \log_{10} \frac{D}{r} \, [\text{mH/km}] \;,\; C = \frac{0.02413}{\log_{10} \dfrac{D}{r}} [\mu\text{F/km}]$$

앞의 공식은 한번씩 보았을 것입니다. 결국 수식을 살펴 보면 전선의 종류에 따라 저항에서 고유저항이 바뀐다던지, 전선의 굵기에 따라 값의 변화로 L과 C의 값이 변한다던지, 또는 배치(단도체, 복도체 등)에 따라 L, C의 값이 변하는 것을 알 수 있습니다. 참고로 컨덕턴스는 저항의 역수입니다.

Q 선로정수의 R, L, C, G에 대해 아는 대로 설명해보세요.

A 첫째, 저항(R)은 전류의 흐름을 방해하는 정도를 말합니다. 길이가 클수록, 단면적이 작을수록 저항은 커집니다.

둘째, 컨덕턴스(G)는 저항의 역수입니다.

셋째, 인덕턴스(L)는 코일에 전류가 흐르면 코일에 통과하는 자속이 변화하게 되고 패러데이의 법칙에 의해 자속의 변화를 방해하는 기전력이 유도되는데 여기서 자속의 발생능력 정도를 인덕턴스라 합니다. $L = \dfrac{N\phi}{I}$ 에서 알 수 있듯이 인덕턴스 (L)가 클수록 적은 전류에서도 많은 자속을 만들어내게 됩니다.

넷째, 정전용량 = 커패시턴스(C)는 전하가 갖는 정전에너지를 저장할 수 있는 능력, 즉 전하를 저장하는 능력을 말합니다. $C = \dfrac{Q}{V}$ 에서 정전용량(C)이 커질수록 가해진 전위차(V)에서 전도체의 전하 (Q)가 커지므로 더 많은 에너지를 저장할 수 있게 되는 것입니다.

Q 연가의 개념과 장점에 대해서 설명하세요.

A 3상 선로를 3배수 구간마다 위치를 바꾸어서 선로정수를 평형시키는 것을 '연가'라 합니다. 먼저, 연가를 하게 되면 직렬공진을 방지할 수 있습니다. 이는 소호리액터 접지계통에서 선로 불평형이면 중성점에 잔류전압에 의해 직렬공진이 발생하기 때문입니다. 그리고 통신선 유도장애를 방지할 수 있는 것도 연가의 장점입니다.

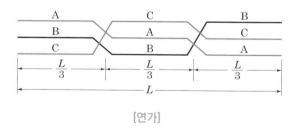

[연가]

Q 페란티 현상의 개념과 방지대책에 대해 설명하세요.

A 페란티 현상은 무부하 또는 경부하 송전선로에서 대지 정전용량에 의한 진상전류로 인해 수전단

전압이 송전단 전압보다 높아지는 현상을 말합니다. 간단하게 말해서 선로에 충전되어 있는 충전용량이 방전으로 인해 기존 송전단 전압보다 수전단 전압이 높아진다고 생각하면 됩니다. 페란티 현상으로 수전단 전압 상승에 따라 변압기를 포함한 각종 전력설비의 절연내력에 문제점이 발생할 수 있는데, 페란티 현상의 방지대책으로 수전단에 분로 리액터를 설치하여 지상전류가 흐르도록 하는 것과 동기 조상기의 부족 여자 운전이 있습니다.

Q 코로나 현상에 대해 설명하세요.

A 코로나 방전이라고도 불리며, 전선(도체) 주위의 공기 절연이 파괴되면서 발생하는 부분방전 현상입니다. 변전소나 송전선로에 지지직 소리가 들린다면 코로나 현상의 전조현상이라 할 수 있습니다.

Q 코로나 현상의 문제점과 해결대책에 대해 설명하세요.

A 코로나 현상의 문제점으로는 코로나 손실 발생, 코로나 잡음 발생, 전선의 부식, 통신선 유도장애 발생 등이 있으며, 해결대책으로는 굵은 전선 및 복도체를 사용합니다.

❖ 복도체를 사용하면 한 상당 소도체를 2개 사용하므로 등가 반지름이 커지게 되어 코로나 임계전압을 높여주는 효과가 있습니다.

공기의 절연내력과 코로나 임계전압

절연내력이란 절연체가 견딜 수 있는 그 한계값(전압)을 말하는데, 공기의 절연내력은 직류의 경우 약 30kV/cm, 교류의 경우 약 21kV/cm이다. 전선 간 인가되는 전압이 높아지다가 전선 표면의 전위경도가 공기의 절연내력을 넘게 될 경우 코로나 현상이 발생하게 된다.

그리고 코로나 임계전압이란 코로나가 발생하기 시작하는 최저한도전압을 말한다.

복도체와 그 특징

복도체(다도체)는 한 상당 한 가닥으로 송전할 수 있으나, 1상의 도체를 2개 또는 그 이상으로 분할하여 송전하는 방식을 말한다.

복도체를 사용하게 되면 코로나 임계전압을 높여 코로나 발생을 억제하는 효과를 볼 수 있으며, 또한 선로의 인덕턴스(L)를 감소시키고 정전용량(C)을 증가시켜 송전용량을 증가시킬 수 있으며, 이에 따라 페란티효과에 따른 수전단 전압이 상승하는 현상을 볼 수 있다.

SECTION 2 **조상설비 및 중성점 접지방식**

Q 조상설비와 조상설비의 필요성에 대하여 설명하세요.

A 송전과정에서 일정한 전압으로 운전하기 위해 필요한 무효전력을 공급하는 장치를 '조상설비'라 합니다. 송전선로에서 무효전력의 소비가 늘면 전압이 지나치게 낮아져 정전과 같은 문제가 발생할 수 있기 때문에 전력계통의 안정과 효율적인 운영을 위해 조상설비가 필수적이며, 조상설비를 통해 전압의 조정뿐 아니라 역률 개선에 의한 전력손실을 줄일 수 있게 됩니다. 조상설비로는 전력용 콘덴서, 동기조상기, 분로 리액터 등이 있습니다.

전력용 콘덴서는 부하 측에 병렬로 설치하여 역률을 개선하는 역할을 합니다. 역률 개선을 통해 전압강하 감소 및 전기요금을 절약할 수 있게 됩니다. 그리고 동기조상기는 여자전류를 변화시켜 역률을 개선하는 장치입니다. 과여자 동작 시 진상 전류, 부족여자 시 지상전류를 공급함으로써 부하의 역률을 개선하게 됩니다. 마지막으로 분로 리액터는 페란티 현상이 발생했을 때 수전단에 설치하여 지상전류를 공급함으로써 이상전압의 상승을 억제하는 역할을 합니다.

Q 중성점 접지 방식(비접지, 직접 접지, 소호리액터 접지)에 대해 아는대로 설명해보세요.

A 먼저, 비접지 방식은 결선으로 구성되어 선로에 제3고조파가 발생하지 않으며, 또한 변압기 1대 고장 시에도 V결선으로 3상 전력 공급이 가능하다는 장점이 있습니다. 하지만 1선 지락 사고 발생 시 건전상 전압 상승이 $\sqrt{3}$ 배가 됩니다.

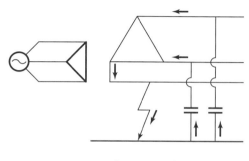

[비접지 방식]

다음, 직접 접지 방식은 변압기의 중성점을 직접 접지하는 방식으로 지락사고 시에도 건전상의 대지 전압 상승이 거의 없으므로 선로와 전력기기의 절연 레벨을 낮출 수 있습니다. 또한 변압기 중성점이 거의 0V이므로 단절연이 가능하며 보호계전기의 동작이 확실하다는 특징이 있습니다. 하지만 지락사고 시 지락전류가 매우 크며, 과도 안정도가 나쁘다는 단점이 있습니다.

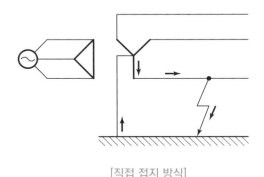

[직접 접지 방식]

그리고, 소호리액터 접지 방식은 변압기의 중성점에 선로의 대지 정전용량과 공진하는 리액턴스를 접지하는 방식입니다. 지락전류가 거의 없으므로 지락고장이 발생해도 전력 공급이 가능하며 유도장애가 적습니다. 선로와 소호리액터 접지 간에 LC 병렬공진으로 이루어져 있으므로 지락고장이 발생하면 전류가 최소가 되기 때문입니다. 하지만 지락 검출이 어렵기 때문에 계전기의 동작이 불확실하며, 단선 사고 시에는 직렬공진에 의해 이상전압이 최대로 발생하게 되는 단점이 있습니다.

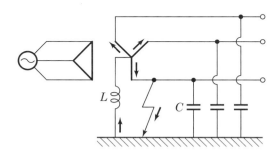

[소호리액터 접지 방식]

SECTION 3 유도장애

Q 유도장애와 그 해결대책에 대해서 설명하세요.

A 우리나라의 경우 전력선과 통신선이 근접하여 사용되고 있는 경우가 많습니다. 유도장애는 전력선과 통신선이 근접해 있을 때 정전유도나 전자유도 현상에 의해 통신선에 장애를 일으키는 현상을 말합니다.

먼저, 정전유도장애는 전력선과 통신선과의 상호 정전용량(커패시턴스)과 영상전압이 원인으로 전력선의 영상전압과 통신선과의 상호 정전용량의 불평형으로 인하여 통신선에 정전유도전압이 발생하게 되는데 이는 고장 시뿐만 아니라 평소에도 발생하는 것이 특징입니다. 그 해결대책은 다음과 같습니다.

첫째, 연가를 완전하게 합니다. 각 상의 정전용량을 평형하게 함으로써 정전유도전압을 0으로 할 수 있기 때문입니다.

둘째, 송전선과 통신선과의 간격을 넓힙니다. 간격이 넓어질수록 유도전압이 경감되기 때문입니다.

다음, 전자유도장애는 전력선과 통신선과의 상호 인덕턴스와 영상전류가 원인으로 송전선에 1선 지락 등의 사고로 영상전류가 흐르게 되면 통신선에 큰 전압과 전류를 유도하게 되어 통신을 불가능하게 하는 유도장애를 발생시키게 됩니다. 그 해결대책을 전력선 측과 통신선 측으로 나누어 보면, 다음과 같습니다(아래 전자유도 전압의 식을 보며 이해하기를 바랍니다.).

전자유도전압 $E_m = -j\omega Ml(I_a + I_b + I_c) = -j\omega Ml(3I_0)$

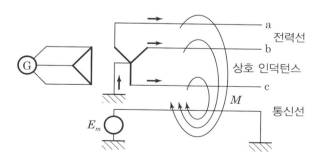

[전자유도 장애]

전력선 측 해결대책은 다음과 같습니다.

첫째, 전력선과 통신선 사이 차폐선을 설치합니다. (송전선과 통신선과의 상호 인덕턴스 M 감소)

둘째, 송전선로와 통신선로는 가능한 멀리 떨어져 건설합니다. (송전선과 통신선과의 상호 인덕턴스 M 감소)

셋째, 중성점을 접지할 경우 고저항 접지 채택 또는 소호리액터 접지를 합니다. (영상전류 = 지락전류 = 기유도전류 억제)

넷째, 고속도 지락보호 계전방식을 채용하여 고장선을 신속하게 차단합니다. (고장시간 단축)

다음으로 통신선 측 해결대책은 다음과 같습니다.

첫째, 연피 통신케이블을 사용합니다. (송전선과 통신선과의 상호 인덕턴스 M 감소)

둘째, 통신선의 도중에 중계코일을 넣어서 구간을 분할합니다. (병행 길이 단축)

셋째, 통신선에 우수한 피뢰기를 설치합니다. (유도전압 저감)

SECTION 4 이상전압 방지 및 보호계전기

Q 피뢰기에 대해서 설명하세요.

A 낙뢰 또는 회로개폐(개폐서지)에 대한 이상전압으로부터 전기기기를 보호하고 속류를 차단하는 보호장치입니다. 그래서 주로 낙뢰 고장이 빈번한 지역에 부설합니다. 또한 가공선과 지중선과의 접속개소와 리클로저, 주상 개폐기 등의 전원 측과 부하 측에 부설하게 됩니다. 쉽게 말해서 낙뢰로부터 비싼 기기(리클로저, 개폐기 등)를 보호하거나 낙뢰 사고 시 복구가 어렵고 힘든 개소(지중)에 설치한다고 생각하면 됩니다.

전력수요의 증가에 따른 송전전압의 증대(154kV, 345kV, 765kV)와 송배전선로의 증설에 따른 철탑의 높이도 증가함으로써 낙뢰에 더 쉽게 노출되었으며, 또한 VCB 등 개폐서지에 의한 이상전압으로 중요설비에 대한 피뢰기 설치의 중요도는 더욱 증가하게 되었습니다.

[피뢰기]

Q 가공지선에 대해서 설명하세요.

A 낙뢰로부터 전선로를 보호하는 역할과 낙뢰에 대한 차폐 및 통신선에 대한 전자유도장애를 경감시키는 역할을 합니다.

[가공지선]

Q 계전기(Relay)와 그 종류에 대해서 설명하세요.

A 고장 또는 이상현상(단락, 지락 등)을 신속하게 검출하여 파급을 방지하기 위한 적절한 지령을 발생시키는 장치를 계전기라 하며, 그 종류로는 과전류 계전기, 부족전압 계전기, 변압기 보호 계전기 등이 있습니다.

첫째, 과전류 계전기(OCR ; Over Current Relay)는 선로에 단락 및 과부하 발생 시 그 값이 세팅값보다 높은 전류가 흐르면 작동하여 차단기로 트립 신호를 보내는 역할을 합니다.

둘째, 부족전압 계전기(UVR ; Under Voltage Relay)는 세팅값보다 낮은 전압이 되면 작동하여 비상용 발전기가 가동하도록 하는 역할을 합니다.

셋째, 변압기 보호 계전기는 과전류 계전기와 비율차동 계전기가 있는데, 먼저 과전류 계전기는 설정값보다 높은 전류가 흐르면 동작하여 전기설비를 과전류로부터 보호하는 역할을 하며, 비율차동 계전기는 변압기, 발전기 등의 1차 전류와 2차 전류의 차가 일정 비율 이상 되었을 때 동작하여 변압기와 발전기의 내부 고장을 보호하는 역할을 합니다.

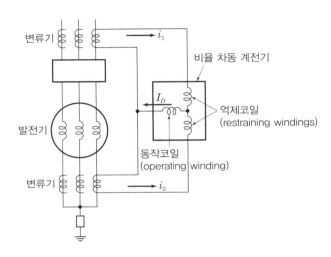

※ 정상운전 상태에서는 1, 2차 측 변류기의 전류 크기가 일정하기 때문에 동작코일에는 전류가 흐르지 않습니다($I_D = I_1 - I_2 = 0$). 하지만, 발전기 또는 변압기에서 고장이 발생할 경우 1, 2차 측 변류기의 전류 크기가 변하게 되며 이에 따라 동작코일에 전류가 흐르게 되어 보호 계전기가 동작하게 됩니다.

[비율차동 계전기]

SECTION 5 변전소 및 차단기기

Q 변전소의 역할에 대해서 설명하세요.

A 전압의 변성과 조정, 전력의 집중과 배분, 전력의 흐름 제어 등의 역할을 합니다.

[송변전설비 (사진 출처 – 한국전력공사)]

Q 가스절연변전소(GIS ; Gas Insulated Substation)와 그 특징에 대해서 설명하세요.

A 가스절연변전소란 가스절연개폐장치(GIS ; Gas Insulated Switchgear)를 이용한 변전소라고 생각하면 됩니다. 가스절연개폐장치는 차단기, 단로기 등의 개폐기류와 계기용 변성기(MOF), 피뢰기 등의 부속기기를 내장하고 SF_6 가스로 완전히 밀폐된 구조로 되어 전기회로를 구성, 분리 및 변경을 해 주는 변전소의 핵심기기입니다. 발전소나 변전소에 설치되는 전력계통 설비의 주보호장치로서 정상사용 조건에서의 부하전류 개폐뿐 아니라 고장발생 시에도 과도한 전류를 신속하게 차단시켜 전력계통의 고장구간이 확대되는 것을 방지하는 역할을 합니다. 즉, 발전소나 변전소에서 나오는 높은 전압으로 인해 송전선로나 변전소에서 발생할 수 있는 각종 사고를 차단하기 위한 일종의 안전시스템 장치입니다. 전력수요 증가에 따라 변전설비는 점차 대용량 및 고전압화가 되었으며 반면 용지 확보는 점점 더 어려워졌습니다. 이에 대한 근본적인 문제해결을 위해 SF_6 가스를 이용한 개폐장치인 GIS가 탄생하게 된 것입니다.

그리고 가스절연변전소의 특징은 다음과 같습니다.

첫째, 설치면적을 기존 옥외변전소 공간의 10~15% 정도로 최소화(소형화)할 수 있습니다.

둘째, 무독, 무취, 난연성 가스인 SF_6 가스를 사용하여 안전성이 우수합니다.

셋째, 밀폐된 구조로 되어 있어 뇌, 먼지, 염해 등의 외부 환경의 영향을 받지 않습니다.

SF₆가스

SF_6가스는 육불화황이라고도 불리며, 무색, 무취, 무독성 가스이다. SF_6 가스는 전기 절연성은 우수하지만, 지구온난화 지수가 이산화탄소 대비 23,900배인 6대 온실가스 중 하나이다. 한국전력은 SF_6 가스 국내 사용량의 약 80%를 차지할 만큼 많은 비중을 사용해오고 있고, 이에 따라 온실가스 배출을 낮추기 위해 SF_6 가스 정제기술 등을 활용하는 등 정제 후 재사용하고자 많은 노력을 기울이고 있으며, 또한 SF_6 가스를 사용하지 않는 친환경 개폐기를 개발하고자 노력하고 있다.

Q 단로기에 대해서 설명하세요.

A 단로기는 무부하상태의 전로 및 충전된 전로를 개폐하기 위하여 사용되며, 부하전류의 개폐에는 사용되지 않습니다. 단로기의 주요 기능으로는 기기의 점검 및 수리 시 충전부를 전원에서 완전 분리함으로써 안전을 확보하는 것, 단로기의 절체로 인한 계통의 회로를 구분하는 것을 들 수 있습니다.

Q 차단기와 그 종류에 대해서 설명하세요.

A 차단기는 부하전류를 개폐하고 단락 및 지락사고 발생 시 고장전류를 차단하여 선로와 기기를 보호하는 장치로서, 차단하는 매질에 따라 가스차단기, 공기차단기, 진공차단기, 유입차단기 등으로 나눌 수 있습니다.

먼저, 가스차단기는 SF_6 가스를 이용하여 아크를 소호하고, 공기차단기는 압축공기로 아크를 소호하며, 진공차단기는 진공을 이용하여 아크를 소호하고, 유입차단기는 절연유를 이용하여 아크를 소호합니다.

또한 저압용 차단기로 가정에서도 쉽게 확인할 수 있습니다. 차단기함(두꺼비집)을 열어보면 다음 사진([배선용 차단기와 누전차단기])과 같이 메인 차단기로 배선용 차단기를 사용하고 분기회로에 누전차단기를 사용한 것을 볼 수 있으며, 저압용 차단기로는 배선용 차단기와 누전차단기가 있습니다.

배선용 차단기 MCCB(Molded Case Circuit Breaker)는 NFB(No Fuse Breaker)라고도 불리며, 주로 저압에서 과부하 및 단락사고로부터 선로를 차단해줍니다. 퓨즈를 사용하지 않기 때문에 차단 후에도 곧바로 투입시킬 수 있어 기능면에서 간편하다는 장점이 있고, ELB와 달리 고감도 누전 차단이 아니라 단순히 과부하 차단을 목적으로 할 경우에 MCCB를 설치합니다.

누전차단기(ELB ; Earth Leakage Breaker)는 MCCB와 마찬가지로 저압에서 사용되며, 누전 및 감전사고와 과부하로부터 선로를 차단해주는 역할을 합니다. 즉, 부하 측의 누전에 의한 지락전류 발생 시 이를 검출하여 회로를 빠른 시간 내에 차단하는 보호설비입니다. 그래서 욕실 등 물을 사용하는 장소의 콘센트 전로에는 반드시 인체감전보호용 누전차단기를 부설하거나 누전차단기가 부착된 콘센트를 설치해야 합니다.

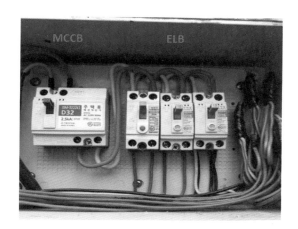

[배선용 차단기와 누전차단기]

Q COS와 PF(전력퓨즈)에 대해서 설명하세요.

A COS(Cut Out Swtich)는 과전류로부터 변압기를 보호하기 위해 변압기 1차 측에 설치한 것으로, 특고압 가공선로의 책임분계점으로 사용합니다. 과전류가 흘러 퓨즈 용단 시 COS가 개방되는데(퓨즈홀더가 아래로 제껴집니다.), 퓨즈링크만 다시 교체하여 재사용할 수 있습니다.

❖ **책임분계점** : 책임한계점이라고도 불리며, 쉽게 말해서 한전 배전선로와 수용가 간의 경계가 되는 지점이라고 보면 됩니다(Chapter 1. 전기설비, COS 내용 참고). 책임분계점 이후에서 발생한 고장에 대해서는 수용가에서 책임을 져야 하고, 책임분계점 이전에서 발생한 고장에 대해서는 한전에서 책임지고 보수하게 되는 것입니다. 예를 들어, 고압수전 수용가 설비 중 변압기나 MOF 등을 수리하거나 교체할 경우 한전에서 책임분계점을 개방시킨 후에 수용가 측에서 공사를 진행하게 됩니다.

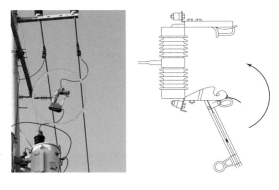

[COS]

전력퓨즈(Power Fuse)는 단락전류를 차단하여 선로나 기기를 보호하는 역할을 합니다. 소형으로 가격이 저렴하고 큰 차단용량을 가지며 고속도 차단이 가능한 것이 장점이지만, 동작 후 재투입이 불가능하며 과전류에서 용단될 수 있다는 단점도 재고 있습니다.

PF와 COS, PF와 차단기(CB)의 차이

① PF와 COS의 차이 : PF는 변압기 2차 단락과 같은 큰 과부하나 단락사고에 대한 보호가 주목적이며, COS는 주로 변압기 1차 측에 설치하여 변압기의 과전류 보호 및 선로의 개폐(책임분계점)가 주목적이다. 또한 수전설비 용량이 300kVA 이하인 경우에는 PF 대신 COS를 사용할 수 있다.

② PF와 차단기(CB)의 차이 : PF와 차단기는 고장전류를 차단하는 역할은 같지만, PF는 차단기에 비해 작고 가벼우며 가격이 저렴하고, PF는 동작 후 재투입이 불가능하지만 차단기는 재투입이 가능하다는 차이가 있다. 정식수전설비에는 차단기가 존재하지만, 간이수전설비에는 차단기가 없다. 그래서 간이수전설비에서 차단기 역할을 대신 하는 것이 바로 PF이다.

Q 차단기 동작책무에 대해서 설명하세요.

A 차단기는 전력계통에 어떤 고장(낙뢰, 지락 등)이 발생하였을 때 신속히 자동차단하는 책무를 가지는 중요한 보호장치로서 차단기의 동작책무란 차단기의 투입, 차단을 일정한 시간 간격을 두고 행하는 것을 말합니다. 쉽게 말해 고장 발생 시 차단 후 일정시간이 지나서 재투입을 행하게 됨으로써 계통 운영을 정상화시키고 계통 신뢰도를 향상시키는 데 그 의의가 있습니다.

　　예를 들어, 조류(까치 등)가 충전부가 노출된 전력설비에 접촉해 지락사고가 발생하여 정전이 발생했다면 어느 정도 시간 간격을 두고 다시 투입을 하여 전기공급을 하여야 합니다. 하지만 인간의 안전과 관련해서는 취약한 단점으로 작용할 수 있습니다. 전기 관련 작업 중 인부의 감전사고로 고장이 발생하여 순간적으로 정전이 발생했을 때 다시 재투입이 일어난다면 어떻게 될까요? 또 다시 감전이 일어나 인명 피해가 더 크게 발생될 수 있을 것입니다. 그래서 실제로는 현장 작업 시 해당 배전선로의 재폐로 정지를 입력하고 작업을 합니다. 계통 운용의 안정화보다 사람의 안전을 더 우선하는 이유에서입니다.

Q 차단기 트립방식과 작동방식에 대해서 설명하세요.

A 차단기 트립방식에는 직류 트립방식과 콘덴서 트립방식이 있습니다.

직류 트립방식은 보호계전기의 동작으로 별도 설치된 축전지에서 트립코일에 직류전류가 흐르를때 트립코일의 여자로 인해 차단기를 트립하는 방식입니다. 이에 비해 콘덴서 트립방식은 보호계전기의 동작으로 충전된 콘덴서에서 트립코일에 직류전류가 흐를 이때 트립코일의 여자로 인해 차단기를 트립하는 방식을 말합니다.

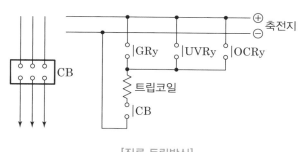

[직류 트립방식]

Q 차단기 정격 차단시간에 대해서 설명하세요.

A 차단기 정격 차단시간은 개극시간과 아크시간의 합으로서, 트립코일 여자로부터 아크의 소호까지 걸리는 시간을 말합니다.

❖ 개극시간 : 트립코일 여자부터 아크 접촉자가 열리기 시작하는 시간
❖ 아크시간 : 아크 접촉자가 열리면서 소호될 때까지의 시간

SECTION 6 송배전선로 특징

Q 전압의 종별에 대해서 설명하세요.

A 전압의 종별은 저압, 고압, 특고압으로 나눌 수 있습니다.

종별	현행	개정(2021~)
저압	DC 750V 이하	DC 1,500V 이하
	AC 600V 이하	AC 1,000V 이하
고압	DC 750V 초과 7,000V 이하	DC 1,500V 초과 7,000V 이하
	AC 600V 초과 7,000V 이하	AC 1,000V 초과 7,000V 이하
특고압	7,000V 초과	7,000V 초과

Q 승압효과(전압의 n배 승압 시 특징)에 대해서 설명하세요.

A 먼저, 전력손실, 전선의 단면적, 전압강하율이 $\dfrac{1}{n^2}$ 배 감소하며, 공급전력과 공급거리가 n^2 배 증가하고, 승압으로 인한 설비 투자에 대한 부담이 커지게 됩니다.

우리나라의 110V → 220V 역사

우리나라도 과거에는 110V를 사용했었다. 1970년대부터 경제가 급성장함으로써 전기 사용량도 덩달아 증가(인구 증가에 따른 전기 보급 증가, 전기제품 사용 증가 등)하면서 정부에서는 현재 우리가 사용하고 있는 220V를 도입하게 되었다. 자료에 따르면 승압 사업에 투자한 금액이 대략 1조 4,000억 원이라고 한다. 결국, 220V로의 승압은 110V에 비해 안전성 문제는 있지만, 전력손실을 줄이고 전력공급을 늘리는 것이 가장 큰 목적이었다.

Q 중성점 접지의 역할에 대해서 설명하세요.

A 고장(지락, 낙뢰 등)으로부터 이상전압 발생을 방지하고 전기선로의 대지전압을 저감시켜 절연레벨을

낮추며, 고장 시 보호계전기의 동작을 확실하게 하고, 인체 및 동물의 감전사고를 예방합니다.

부연설명을 하자면 중성점 접지는 계통접지라고도 불리는데, 국내 배전계통은 3상 4선식으로 중성선을 다중접지 하고 가공지선을 설치하여 중성선에 접속한 후 대지에 접지하는 방식을 채택하고 있습니다. 중성점 접지는 사고로부터 이상전압 발생 방지 및 이상전류(고장전류)를 대지로 방전시키고 중성선의 대지전위를 유지하는 것이 주목적으로 전선 및 관련 기기와 같은 계통을 보호하고 유지합니다.

Q 지중전선로의 장단점에 대해서 설명하세요.

A 먼저, 장점에 대해 설명하면 다음과 같습니다.

첫째, 미관이 좋습니다.

둘째, 외부환경에 영향을 받지 않습니다. 가공선로의 경우 특히 비나 눈이 오는 날에 조류사고(까치집, 새 접촉 등) 및 수목접촉으로 인한 지락고장이 빈번히 발생하는데 지중으로 시공한다면 이런 문제는 고려하지 않아도 될 것입니다.

셋째, 차폐 케이블을 사용하므로 유도장애 발생을 저감합니다.

넷째, 동일 루트에 다회선이 가능하므로 도심지역에 적합합니다. 가공선로의 경우 특정 인구밀집 구역에 미관, 민원, 설비관리 등의 사유로 전기 공급을 위한 전주를 많이 심기도 힘들뿐만 아니라 전주에서 다회선을 공급하기도 불가능합니다.

그리고 단점에 대해 설명하면 다음과 같습니다.

첫째, 비용이 아주 많이 발생합니다. 송전선로 지중화율이 2019년 8월 기준으로 전국 12.4%, 서울 89.6%, 부산 46.2%, 강원 1.1% 등이라는 발표가 있습니다. 가공전선로의 지중화 사업은 '전기사업법'에 따라 원칙적으로는 지중화 요청자가 그 사업비를 100% 부담하도록 되어 있지만, 공익적 목적을 위해 지방자치단체가 요청하는 경우 지자체와 한국전력공사가 5:5로 사업비를 부담하고 있습니다. 결국 지중화율에서 알 수 있듯이 지자체의 예산적 여유가 있어야 지중화 사업도 진행이 원활할 것입니다.

둘째, 발생열에 의해(구조상 냉각이 힘들므로) 가공전선에 비해 송전용량이 낮습니다.

셋째, 고장점 발견이 어렵습니다. 반면 가공선로의 경우 발화 흔적, COS의 개방이라든지 까치의 사체 발견 등을 통해 육안으로 고장점의 위치 파악을 할 수 있습니다.

〈정비 전〉 〈정비 후〉

[지중전선로 변화 전·후 (사진 출처 – 서울시)]

Q 직류송전과 교류송전의 장단점에 대해서 설명하세요.

A 직류는 전압이나 전류가 시간에 관계없이 항상 일정한 방향으로 흐르는 전기를 말하며, 반면에 교류는 전압이나 전류가 시간에 따라 크기와 방향이 주기적으로 변하는 전기를 말합니다. 건전지, 축전지, 휴대용 배터리 등은 직류이며, 일반 가정에서 사용하는 220V 전기는 교류입니다. 우리집에 사용하는 형광등은 계속 켜져 있는 것 같이 보이지만 실제로는 켜짐과 꺼짐이 1초에 60번 반복되는 60Hz 교류전기를 사용하고 있습니다.

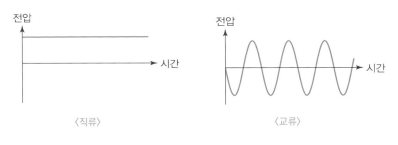

[직류와 교류]

직류송전의 장단점을 들어 보겠습니다.

먼저 장점은 다음과 같습니다.

첫째, 대용량 장거리송전에 유리합니다. 교류 송전방식에 비하여 코로나 손실이 매우 적으며, 역률이 1이라서 유효전력으로만 송전되므로 송전효율이 매우 뛰어납니다. 또한 페란티현상을 방지하며 무효전력에 대한 손실이 없기 때문에 정전용량에 대한 송전한계를 극복할 수 있습니다.

둘째, 절연 저감이 가능하여 경제성이 향상됩니다. 선로전압의 실효치와 평균치가 같기 때문에(직류선로의 실효가 같은 값인 교류선로의 경우 선로 전압의 최대치가 실효치의 $\sqrt{2}$ 배이므로) 절연이 저감되는 장점이 있습니다. 이는 곧 경제성으로 이어지게 되는데 교류송전에 비해 전압의 최대치를 낮춰 송전철탑의 높이, 애자의 개수 및 크기를 줄일 수 있기 때문입니다.

셋째, 비동기 계통 간의 연계가 가능합니다. 직류송전을 통해 송수전 양쪽 교류계통의 주파수를 단독으로 정할 수 있으므로 다른 주파수 계통 간의 연계가 가능해집니다(변환설비를 통해 주파수 조정이 가능하므로 비동기 계통 간에 연계가 가능해짐). 반면 교류송전의 경우에는 양 교류 계통 간에 주파수가 다르면 연계가 불가능합니다.

그리고 단점은 다음과 같습니다.

첫째, 송전전압을 자유롭게 승압 또는 강압을 할 수 없습니다.

둘째, 전류 차단이 어렵습니다. 전류를 차단할 때 가장 적절한 시점은 전류가 영점에 도달하는 시점인데 교류전류는 흐름의 방향이 시간에 따라 주기적인 사인파 형태를 가지고 변하기 때문에 그 특성상 자연적으로 한 주기당 두 번의 전류 영점에 도달하는 시점에 전류를 차단할 수 있게 되지만, 직류전류는 자연적으로 전류 영점을 발생하지 않기 때문에 전류 차단이 어렵게 됩니다.

셋째, 변환, 역변환 장치가 필요하여 설비가 복잡합니다. 교류에서 직류, 직류에서 교류로 변환하는 장치가 필요하므로 교류 송전설비에 비해 조작, 관리 측면에서 다소 복잡합니다.

변환, 역변환 장치
교류(AC)를 직류(DC)로 바꾸기 위해서는 정류기 또는 SMPS(Switching Mode Power Supply) 라는 장치를 이용하며, SMPS를 컨버터라고 부르기도 한다.
인버터는 전기적으로 직류(DC)를 교류(AC)로 변환하는 역변환 장치이다. 예를 들면, 인버터는 상용 전원으로부터 공급된 전력을 입력받아 전압과 주파수를 가변시킨 후 전동기(모터)에 공급함으로써 전동기 속도를 고효율로 제어하는 역할을 하게 된다.

이번에는 교류송전의 장단점을 들어 보겠습니다.

먼저 장점은 다음과 같습니다.

첫째, 전압의 승압·강압이 용이합니다. 즉, 변압기로 전압을 쉽게 변성할 수 있습니다.

둘째, 교류방식을 이용한 회전자계 발생이 용이합니다. 즉, 3상 교류방식을 이용하여 회전자계를 쉽게 만들 수 있습니다.

셋째, 교류방식의 일관된 운용이 가능합니다. 교류송전 방식의 경우, 발전에서부터 배전에 이르기까지 전반적인 과정에 교류를 이용하기 때문에 일관된 운용이 가능합니다.

그리고 단점은 다음과 같습니다.

첫째, 주파수가 다를 경우 비동기 계통 간의 연계가 불가능합니다. 전력계통의 규모가 커짐에 따라 계통 간 연계의 필요성이 대두되고 있습니다. 하지만 직류송전과 양 교류 계통 간에 주파수가 다르면 연계가 불가능합니다.

둘째, 장거리 송전에 불리합니다. 코로나 손실, 페란티 현상, 리액턴스 성분에 대한 손실 등의 손실과 역률이 직류 송전에 비해 낮습니다. 즉, 효율 측면에서 좋지 않기 때문에 장거리 송전에 불리합니다.

Q HVDC와 HVDC의 진행현황에 대해서 설명하세요.

A 계통이 점차 대규모화되고 전원(발전소 지역)이 전기수요 밀집지역(주로 대도시)으로부터 멀리 떨어짐에 따라 HVDC(High Voltage Direct Current, 초고압 직류송전)가 대안으로 주목받고 있습니다. HVDC는 발전소에서 생산된 교류전력을 정류기를 사용하여 직류전력으로 변환하여 송전하게 되며, 수전점에서 직류전력을 다시 인버터를 이용하여 교류전력으로 변환하여 공급하게 됩니다.

HVDC 사업은 해남과 제주를 연결하는 사업을 시작으로 현재는 동해안(동해안~신가평)과 서해안(서해안~평택)에서 대규모로 생산된 전력을 안정적으로 공급하는 사업으로까지 활발히 진행하고 있습니다.

Q HVDC의 필요성(장점)에 대해서 설명하세요.

A 첫째, 장거리 송전에 유리합니다. 우리나라의 전력계통은 대규모 발전지역(발전소)과 수요지(대도시)가 원거리에 위치하며, 수요의 40% 이상이 수도권에 집중되어 있습니다. 그러므로 장거리로 송전을 할수록 교류방식에 비해 손실이 적고 2배 이상의 용량을 송전할 수 있는 HVDC의 도입에 대한 필요성이 대두되었습니다. HVDC를 통해 육지와 섬, 더 나아가 국가 간의 연결이 현실화될 수 있을 것입니다.

둘째, 친환경적인 송전방식입니다. 송전탑의 크기와 부지면적을 줄일 수 있기 때문에 경제적 효율성 향상뿐 아니라, 주변 경관과 환경문제를 최소화할 수 있게 됩니다. 이에 따라 주민의 반발도 줄일 수 있게 됩니다.

셋째, 비동기 계통 간의 연계가 가능합니다. 전력계통의 규모가 커짐에 따라 전력계통 간 연계의 필요성이 대두되고 있습니다. HVDC를 이용하면 전압과 주파수가 다른 두 교류계통의 연계가 가능하기 때문에 전압이 다른 국가 간 송전도 가능해집니다. 그러므로 남북한 계통을 비롯해 여러 국가 간 전력망을 연결해 에너지 효율을 높이는 슈퍼 그리드, 동북아 전력네트워크 등의 필수적 요소로 HVDC의 기술이 떠오르고 있습니다.

넷째, 양방향 전력 전송이 가능합니다. 특히 풍력과 태양광 등 대규모 신재생에너지 발전의 확대와 신재생에너지 연계를 통한 양방향 전송을 위해 HVDC가 필수 기술로 주목받고 있습니다. 예를 들면, 섬에서 발전량이 풍부할 때는 전기를 육지로 보내고 발전량이 없을 때는 육지로부터 전기를 공급받을 수 있도록 HVDC를 통해 양방향으로 전력 전송을 하는 것이 가능해집니다. 직류의 경우 전압 또는 전류의 극성만 변경하면 송전 방향을 전환할 수 있기 때문에 신재생에너지 연계에 유리한 측면이 있습니다. 참고로 풍력과 태양광 등의 신재생에너지를 통해 발생된 전력은 DC이기 때문에 HVDC를 이용하는 것이 여러모로 이득입니다.

다섯째, 인체에 유해한 전자계(전자파)가 발생하지 않습니다. 직류송전의 경우 주파수가 0이기 때문에 전자파가 발생하지 않아 인체에 유해한 성분에 대한 문제점이 없습니다.

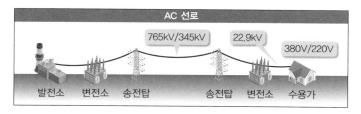

※ 발전소에서 생산한 교류전기를 직류전기로 바꾸어 송전한 후 다시 교류로 바꾸어 수용가에 공급하는 방식입니다.

[HVDC 개요도]

SECTION 7 배전선로 운용 및 수변전설비와 기타 전력설비

Q 수용률, 부등률, 부하율에 대해서 설명하세요.

A 먼저, 수용률은 수용장소의 총 설비용량에 대한 최대수용전력의 비율로서, 수용설비가 동시에 사용되는 정도를 나타냅니다. 수용률이 1에 가까울수록 동시에 가동되는 부하가 많다는 의미입니다. 예를 들어, 빵집에 빵을 만들어내는 기계가 10개가 있어서 시간당 최대 10개의 빵을 만들 수 있다고 가정해보겠습니다. 영업시간 동안 가장 바쁜 시간대(12~1시)에 8개의 빵을 만들어 팔았다면 이 빵집의 수용률은 80%가 되는 것입니다.

다음, 부등률은 수용장소의 설비들에 대하여 합성 최대수용전력에 대한 각 부하의 최대수용전력의 합의 비율로서, 설비를 동시에 사용하지 않고도 사용시간대를 달리하여 설비를 얼마나 효과적으로 이용하는지에 대한 정도를 나타냅니다. 예를 들어, 형제가 같은 장소에 가게를 2개(A, B) 운영하고 있다고 가정해봅시다. A가게는 오전에만 영업하고, B가게는 오후에만 영업한다 하고 부하 그래프가 아래와 같다고 할 때, 부등률을 구해보면 다음과 같습니다.

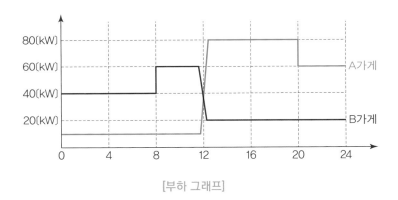

[부하 그래프]

합성 최대수용전력은 12~16시간대에 100kW(20kW+80kW)가 됩니다. 그리고 각 부하의 최대수용전력을 구하게 되면 A가게는 12~20시간대에 80[kW], B가게는 8~12시간대에 60kW가 됩니다.

그러므로 부등률 $= \dfrac{\text{각 부하의 최대수용전력의 합}}{\text{합성 최대수용전력}} \times 100 = \dfrac{140}{100} \times 100 = 140[\%]$ 가 됩니다.

각 부하의 최대수용전력의 합이 140kW지만 굳이 공급설비 용량을 140kW로 늘릴 필요가 없습니다. 왜냐하면 A, B 2군데에서 함께 쓰는 용량의 최대치(합성 최대수용전력)가 100kW밖에 되지 않기 때문입니다. 결국 부등률이 높다는 것은 수용가마다 설비들의 사용시간대가 서로 다르다는 것과 설비를 효율적으로 이용하고 있다는 의미인 것입니다.

마지막으로, 부하율은 어떤 기간 중의 최대수용전력에 대한 평균수용전력의 비율로서, 설비가 얼마나 효율적으로 사용되는지에 대한 정도를 나타냅니다. 예를 들어, 빵집에서 영업시간 동안 가장 바쁜 시간대(12~1시)에 100개의 빵을 판매하고 있다고 가정해보겠습니다. 또한 그 외의 시간에는 평균적으로 시간당 60개의 빵을 판매하고 아르바이트생 1명당 1시간에 20개를 판매한다고 가정하겠습니다. 그렇다면 부하율은 $= \dfrac{\text{평균수용전력}}{\text{최대수용전력}} \times 100 = \dfrac{60}{100} \times 100 = 60[\%]$가 됩니다. 사장님의 입장에서는 가장 바쁜 시간대에 100개를 팔고 있기 때문에 아르바이트생을 5명 고용하여야 합니다. 하지만 그외에 바쁘지 않을 때는 사실 3명만 있어도 운영을 할 수가 있습니다. 이럴 경우 만약 사장이라면 어떤 선택을 해야 할까요? 오전 또는 오후에 각종 할인 이벤트를 하여 12~1시에 몰리던 손님 중 일부를 분산시키면 인건비 절약 등 더 효율적인 운영이 가능할 것입니다. 결국, 부하율이 높다는 것은 설비를 그만큼 효율적으로 사용하고 있다는 것을 의미하게 됩니다.

수용률, 부등률, 부하율의 활용

수용률과 부등률을 이용하여 적절한 변압기 용량을 산정하고, 부하율을 이용하여 변압기가 얼마나 유용하게 사용되고 있는지를 확인하는 데 활용할 수 있다.

※ 변압기 용량 $= \dfrac{\text{설비용량} \times \text{수용률}}{\text{부등률} \times \text{역률} \times \text{효율}}$ kVA

Q 변압기에 대해서 설명하세요.

A 높은 전압을 낮은 전압으로 낮추거나 낮은 전압을 높은 전압으로 높일 때 사용하는 전기기기입니다. 철심에 두 개의 코일을 감아 교류전압을 가하면 전자유도 법칙(패러데이 법칙, 렌츠의 법칙)에 의해 유도기전력이 발생하는데 이 원리를 이용하여 전압의 변환이 이루어지게 됩니다.

Q 변압기의 종류에 대해서 설명하세요.

A 변압기의 종류에는 유입변압기, 몰드변압기, 아몰퍼스변압기, GIS 등이 있습니다.

유입변압기는 절연유를 사용한 변압기로서 초기 투자비용이 적고(비용이 저렴) 변압기의 대용량화에 유리하며, 몰드변압기는 비용이 고가인 대신에 절연유를 사용하지 않아 유지 보수에 용이하고(오일 교환이 필요 없고 열화에 대한 별도의 소방설비가 필요 없음.), 소형 경량화가 가능하며, 아몰퍼스변압기는 철심 재료를 규소강판 대신 아몰퍼스 메탈을 사용한 변압기로서 규소강판에 비해 고유저항이 높고(고유저항이 높으면 그만큼 와전류가 감소하므로) 두께가 얇아 와류손을 줄일 수 있지만, 자기변형현상에 의해 소음이 다소 발생하는 단점이 있습니다.

❖ 아몰퍼스 메탈 : 철(Fe), 붕소(B), 규소(Si) 등이 혼합된 용융금속을 급속냉각시켜 만든 비정질 자성재료로, 원자가 액체 상태와 같이 불규칙한 비정질 상태로 배열되어 있는 특징이 있습니다.

Q 변압기 손실의 종류에 대해서 설명하세요.

A 무부하손과 부하손이 있습니다.

먼저, 무부하손은 부하유무와 상관없이 변압기에 전원이 인가된 상태(수전상태)일 때 철심에서 발생하는 고정손실(24시간 상시 발생)로, 철손 또는 고정손으로도 불립니다. 철손은 다시 히스테리시스손과 와류손으로 나뉘어지는데, 히스테리시스손은 철심 속에 자속이 통과할 때 이 자기장의 변화에 의해 발생하는 손실로서 자속밀도의 변화가 자기장의 세기 변화보다 늦는 현상이 발생하는데 여기서 발생하는 손실이 히스테리시스 손실인 것입니다(히스테리시스 곡선 참고). 즉, 자극보다 반응이 늦게 나타나서 발생하는 손실로 보면 됩니다. 그리고 와류손은 철심 내에 자속이 통과할 때 맴돌이전류에 의해 발생되는 저항손실입니다.

❖ 히스테리시스손을 줄이기 위해 규소가 1~4% 함유된 규소강판을 철심재료로 사용하고, 와류손을 줄이기 위해 맴돌이전류(와전류)의 경로를 줄일 수 있는 성층철심을 사용합니다.

다음, 부하손은 부하전류에 의해 발생하는 손실로, 부하의 증감에 따라 변하므로 가변손이라고도 합니다. 부하손에는 권선저항에 의해 발생하는 동손과 부속품 및 아주 작은 공차에서 누설자속에 의해 발생하여 손실의 원천을 알 수 없는 표류부하손이 있습니다.

Q 변압기 결선별 장단점에 대해서 설명하세요.

A 변압기의 결선 종류로는 Δ-Δ 결선, Y-Y 결선, Y-Δ 결선이 있으며, 각각의 장·단점은 다음과 같습니다.

　　Δ-Δ **결선**의 장점은 다음과 같습니다.

　　첫째, 제3고조파 전류가 Δ결선 내를 순환하므로 기전력의 파형이 왜곡되지 않기 때문에 통신선 유도장애가 발생하지 않습니다.

　　둘째, 선전류가 상전류의 $\sqrt{3}$ 배이므로 대전류 부하 결선에 적합합니다.

　　셋째, 변압기 1대 고장 시 V결선에 의한 3상 전력공급이 가능합니다.

　　Δ-Δ **결선**의 단점은 비접지 방식이므로 지락 검출이 어렵고, 이상전압 및 지락사고에 대한 보호가 어렵다는 것입니다.

　　Y-Y **결선**의 장점은 다음과 같습니다.

　　첫째, 중성점 접지를 함으로써 단절연을 할 수 있고 이상전압을 저감시킬 수 있습니다.

　　둘째, 선간전압이 상전압의 $\sqrt{3}$ 배이므로 고전압 부하 결선에 적합합니다.

　　Y-Y **결선**의 단점은 다음과 같습니다.

　　첫째, 중성점 접지를 했을 경우 지락사고 시 제3고조파 전류가 흘러 통신선 유도장애가 발생할 수 있습니다.

　　둘째, 중성점 접지를 하지 않았을 경우 제3고조파의 통로가 없으므로 기전력의 파형이 왜곡됩니다.

　　셋째, 부하의 불평형에 의해 중성점 전위가 변동하여 3상 전압의 불평형을 일으킵니다.

　❖ 단절연 : 절연강도를 중성점(0V)에 가까울수록 낮추어 가는 방식

　　Y-Δ 결선의 장점은 다음과 같습니다.

　　첫째, 중성점 접지를 함으로써 단절연을 할 수 있고 이상전압을 저감시킬 수 있습니다.

　　둘째, 제3고조파 전류가 Δ결선 내를 순환하므로 기전력의 파형이 왜곡되지 않기 때문에 통신선 유도장애가 발생하지 않습니다.

　　Y-Δ 결선의 단점은 2차 간에 30°의 위상차가 발생하여 1대 고장 시 전원공급을 할 수 없다는 것입니다.

Q 변압기 병렬운전 조건에 대해서 설명하세요.

A 각 변압기의 극성이 일치해야 하며, 각 변압기의 권수비가 같고 1차 및 2차 정격전압이 같아야 하고, 각 변압기의 %Z 강하가 같아야 합니다. 또한 각 변압기의 저항과 리액턴스의 비도 같아야 합니다.

Q 수변전설비 및 기타 전력설비에 대해 아는 대로 설명해보세요.

A 자동고장구분개폐기, 리클로저, 자동구간개폐기, 자동부하전환개폐기, 계기용 변성기, 변류기, 계기용 변압기 등에 대해 설명하겠습니다.

첫째, 자동고장구분개폐기(ASS ; Auto Section Switch)는 가공선로의 고객 인입점에 설치되어 선로 구분 기능을 가지고 있으며, 수용가 측의 사고발생 시 고장전류를 감지하여 자동으로 고장구간을 분리하는 개폐기입니다. 이 기능을 통해 이상전류나 고장전류의 원인이 되는 수용가 측의 ASS가 개방되었기 때문에 인근 수용가로 파급이 확대되는 것을 방지하게 됩니다. 수전용량이 300〔kVA〕 이하의 경우 ASS 대신 기중부하개폐기(IS ; Interrupter Switch)를 사용할 수도 있지만 요즘에는 대부분 ASS를 사용하고 있습니다.

둘째, 리클로저(Recloser)는 이름에서부터 알 수 있듯이 고장이 발생하였을 경우 고장구간을 신속하게 차단(Off)하고 사고지점의 아크를 소멸시킨 후 재투입(On)하는 자동재폐로 장치입니다. 리클로저의 동작책무에 의해 재폐로 동작을 실시하며, 2~3회 개폐 시 영구사고로 구분되어 완전 개방(정전)시키게 됩니다.

>
> **변전소 차단기와 리클로저의 차이**
> 변전소에 설치되어 있는 차단기(CB ; Circuit Breaker)는 배전선로 전체를 보호하는 차단기로서 개방 시 해당 배전선로 전체에 정전이 일어난다. 하지만 리클로저(Recloser)는 선로의 일부 구간을 보호하는 차단기로서 배전선로에 설치하며 개방 시 해당 배전선로의 일부 지역에 정전이 일어나는 차이가 있다.

셋째, 자동구간개폐기(Sectionalizer)는 배전선로용 개폐기로서 부하 측에 선로사고가 발생하면 사고 횟수를 감지하여 고장구간을 분리하는 기능을 합니다. 자동구간개폐기는 고장전류 차단능력이 없고 단지 부하전류 개폐능력만을 가지고 있기 때문에 리클로저의 부하 쪽에 설치되어 리클로저와 조합하여 사용하게 됩니다. 리클로저의 재폐로 동작 시 차단동작 횟수를 기억하고 있다가 목표치(리클로저의 개방 동작 횟수보다 1~2회 적은 횟수)에 도달하면, 리클로저가 완전개방 되기 전에 먼저 선로를 개방하여 리클로저의 완전개방에 따른 정전구역을 최대한 좁힐 수 있습니다. 쉽게 말하면 리클로저에서 부하 쪽 전체에 정전될 것을 자동구간개폐기 개방으로 즉, 자동구간개폐기 후단 범위로 고장 선로를 구분해줌으로써 정전구간의 재폐로를 가능하게 합니다. 필요 없는 도마뱀의 꼬리는 잘라서 몸체를 보존한다는 것으로 생각하면 될 것 같습니다.

주보호와 후비보호

주보호는 사고발생 시 고장점에 가장 가까운 위치부터 신속히 동작하여 이상부분을 최소한으로 하여 분리하는 것이다.

후비보호는 주보호기기가 고장을 제대로 차단하지 못했을 때(부동작 또는 오동작하였을 경우), 백업 동작 및 사고의 파급을 방지하는 것을 말한다. 즉, 주보호기기의 동작실패 시 주보호기기 대신 후비보호기기가 차단하게 된다는 말이다.

리클로저와 자동구간개폐기와의 관계가 '주보호-후비보호'이다. 자동구간개폐기는 위에서 언급한 것처럼 부하전류의 개폐는 가능하지만 고장전류 차단능력은 없기 때문에 후비보호기기인 리클로저와 조합하여 사용하게 된다. 그래서 자동구간개폐기가 주보호, 리클로저가 후비보호가 된다.

넷째, 자동부하전환개폐기(ALTS ; Auto Load Tranfer Switch)는 군사시설, 대형병원, 공공기관 등 정전이 발생하면 안 되는 중요한 고객에게 이중으로 전원을 공급하여 주공급 배전선로의 정전사고 또는 정격전압 이하 발생 시 예비전원 선로로 자동전환시켜 고객이 안정적인 전원을 공급받도록 하는 기기입니다. 평상시에는 강북 배전선로로부터 전력공급을 받고 있지만, 강북 배전선로의 사고 등으로 정전이 발생하였을 경우에는 강남 배전선로로 자동전환되어 안정적인 전력공급이 가능하게끔 합니다.

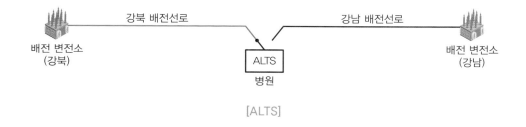

[ALTS]

다섯째, 계기용 변성기(MOF ; Metering Out Fit)는 전기계량기가 계량을 할 수 있도록 고전압, 대전류를 저전압, 소전류로 낮춰주는 역할을 합니다(CT, PT가 모두 들어있다고 생각하면 됨). 간단하게 말해서 고전압(상전압 : 13,200V / 선간전압 : 22,900V)과 대전류를 계량기가 감당할 수 없기 때문에 MOF

를 통해 낮춘 전압과 전류값을 계량기가 측정하게 되는 것입니다.

[MOF]

요금에 반영되는 고압용 계량기가 측정한 값

⚡ 더 알아 보기

앞서 MOF가 고전압, 대전류를 저전압, 소전류로 낮춰주는 역할을 한다고 설명하였다. 부연 설명을 하자면, 고전압(상전압 13,200V) → 저전압(상전압 110V)으로 1/120배 낮춰주고, 대전류 → 소전류는 MOF의 배수에 따라 달라지게 된다. MOF의 배수가 50/5인 경우에는 50A를 5A로 즉, 비율을 1/10 낮춰 계량기로 흘려보낸다는 의미가 된다. 예를 들어, MOF를 50/5 사용하여 계량기에 측정된 전력량이 1,000kWh가 나왔다고 한다면 실제로는 1,000kWh×120배×10배를 하여 1,200,000kWh만큼의 전력을 사용한 것이기 때문에 이에 상응하는 요금을 내야 하는 것이다.

고압 배전선로의 상전압은 항상 13,200V이고 고압용 전력량계의 정격전압(상전압)이 110V이므로 전압비는 항상 1/120배로 일정하다. 그래서 결국엔 MOF의 배수(전류비)에 따라 요금 산정 시 적용되는 배수가 달라지게 된다.

※ 요금 정산 시 적용되는 전력량 계산 : 고압용 계량기에 측정된 전력량×120×전류비

　여섯째, 변류기(CT ; Current Transformer)는 대전류를 소전류(5A 이하)로 낮춰 계량기, 계전기 등에 공급하는 역할을 합니다. CT의 운전 중 2차 측을 개방하면 1차 전류가 모두 여자 전류로 작용하여 2차 측에 고전압을 발생시켜 절연이 파괴될 수 있기 때문에 CT의 2차 측을 절대 개방해서는 안됩니다.

해액과 극판의 구성물질에 따라 연축전지와 알칼리축전지가 있습니다.

다음 그림은 연축전지의 방전과 충전의 원리입니다. 방전 시에는 음극판의 납(Pb)이 용액에 이온화되어 전자를 이동시켜 전류가 흐르게 되며 전해액의 이온들이 이동하여 음극판과 양극판은 황산납(PbSO₄)으로 변하게 되고, 충전 시에는 음극판과 양극판은 황산납(PbSO₄)에 전기를 가하여 양극판은 이산화납(PbO₂), 음극판은 납(Pb)으로 변하게 됩니다. 즉, 전기에너지와 화학에너지의 양방향 전환으로 전기를 방전하고 충전하는 원리인 것입니다.

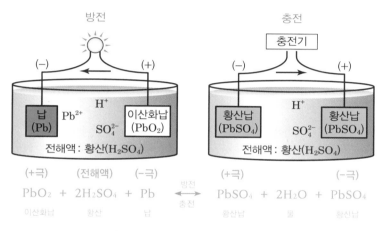

$$PbO_2 + 2H_2SO_4 + Pb \leftrightarrow PbSO_4 + 2H_2O + PbSO_4$$

[연축전지의 방전과 충전의 원리]

둘째, UPS(Uninterruptible Power Supply, 무정전 전원공급장치)는 정전, 전압변동, 노이즈 등 각종 장애로부터 기기를 보호하기 위한 장치로, 정전 시에도 전원을 지속적으로 공급하여 정전으로 인한 피해를 막아줍니다. 이러한 점으로 인해 순간 정전 시 치명적인 손실을 가져오는 중요 데이터서버나 의료기기의 전원 등에 사용됩니다. 또한 UPS는 정전압, 정주파수의 전원을 필요로 하는 설비에도 설치되어 전압변동, 노이즈로부터 기기를 보호합니다.

UPS의 동작원리를 보면, 상시에는 By–Pass Line을 통해 한전 전원(배전선로)을 부하에 공급합니다. 그러면서 교류전원을 정류기에서 직류전원으로 변환하여 축전지를 충전합니다. 이때 정전이 발생하여 By–Pass Line이 끊어지게 되면 축전지에서 직류전원을 방전하고 인버터부에서 교류전원으로 변환하여 부하에 무정전으로 공급합니다.

또 다른 방법으로, 상시 한전 전원(배전선로)을 축전지에 충전하면서 인버터부를 통해 정전압, 정주파수의 전원을 공급하는 방식도 있습니다. 이처럼 UPS의 운용방식은 다양하게 있지만 그 역할은 모두 동일합니다.

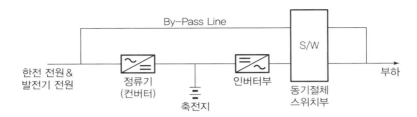

[UPS의 동작원리]

셋째, 부동충전은 상용부하에 전력을 공급함과 동시에 축전지의 방전을 항상 보충하는 충전 방식입니다. 축전지를 부하와 병렬로 접속되게 하여 축전지의 방전량을 보충하여 항상 만충전된 상태로 유지하는 것입니다.

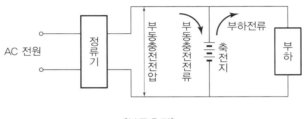

[부동충전]

넷째, 균등충전은 각 전지 간의 전압과 비중을 보정하기 위하여 1~3개월마다 1회 정전압으로 충전하는 방식입니다. 장시간 축전지를 운영하게 되면 각 전지 간 전압과 비중이 균일하지 못하고 차이가 발생하게 됩니다. 이때 정전압으로 충분한 시간 동안 충전하여 전체 셀의 전압과 비중을 균등하게 하기 위한 방식입니다.

MeMo

전기기기

⚡ 주요 Key Word

#발전기 #전동기 #직류기

#동기기 #유도기 #변압기

SECTION 1 **발전기와 전동기**

Q 발전기에 대해서 설명하세요.

A 운동에너지를 전기에너지로 변환하는 기기이며, 렌츠-패러데이의 법칙과 플레밍의 오른손 법칙에 의해 동작합니다.

Q 전동기에 대해서 설명하세요.

A 전기에너지를 운동에너지로 변환하는 기기이며, 로렌츠의 힘과 플레밍의 왼손 법칙에 의해 동작하며, 발전기와 반대의 흐름을 가집니다.

더 알아 보기

렌츠-패러데이의 법칙과 플레밍의 오른손 법칙

렌츠-패러데이의 법칙은 자속의 시간적 변화에 의해 유도기전력과 유도전류가 발생하는 현상(전자기유도, 패러데이 법칙)이다. 여기서 유도기전력과 유도전류는 자기장의 변화를 상쇄하려는 방향(렌츠의 법칙)으로 발생하게 된다.

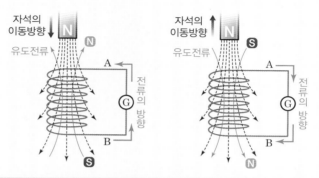

N극이 접근하면 코일에 N극을 만드는 방향으로 유도전류가 흘러 척력이 생기며, N극이 멀어지면 코일에 S극을 만드는 방향으로 유도전류가 흘러 인력이 생긴다.

[렌츠-패러데이의 법칙]

플레밍의 오른손 법칙은 자속이 있는 공간(자기장) 속에서 도체가 힘을 받아 움직일 때 자계(B, 검지)와 힘(F, 엄지)의 방향에 의해 유도기전력(E, 중지) 또는 유도전류의 방향이 결정되는 것이다. 이는 발전기의 원리에 적용된다.

플레밍의 오른손 법칙에서 유도전류가 발생하는 현상을 렌츠-패러데이의 법칙으로 이해할 수 있으며, 두 법칙은 발전기의 원리에 적용된다.

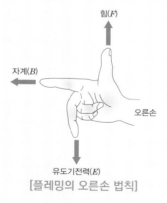

[플레밍의 오른손 법칙]

로렌츠의 힘과 플레밍의 왼손 법칙

⚡ 더 알아 보기

로렌츠의 힘이란 자기장 속에 있는 도체에 전류를 흘리면 그 자기장과 도체에 의해 발생한 자기장이 상호작용하여 힘(전자력)이 발생하게 되는 현상이다. 즉, 자기장 내에서 전류가 흐르는 도체가 받는 힘을 말한다.

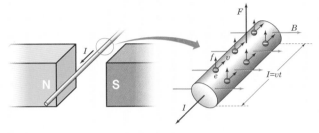

[로렌츠의 힘]

플레밍의 왼손 법칙에 따르면, 자속이 있는 공간(자기장) 속에서 도체에 전류가 흐를 때 자계(검지)와 전류(중지)의 방향에 의해 도체가 힘(엄지)을 받아 움직이는 방향이 결정된다.
플레밍의 왼손 법칙에서 도체가 받는 힘을 로렌츠의 힘으로 이해할 수 있으며, 두 법칙은 전동기의 원리에 적용된다.

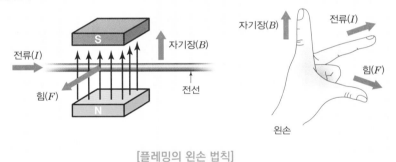

[플레밍의 왼손 법칙]

SECTION **2** **직류기**

Q 직류발전기와 그 원리에 대해서 설명하세요.

A 자계 내에서 코일을 회전시켜 직류를 만드는 발전기입니다. 구체적으로 자속이 있는 공간에 도체

를 위치시키고 원동기(동력공급장치)에 의해 코일을 회전시킵니다. 그러면 코일 내에 쇄교하는 자속이 변화하게 되고 렌츠–패러데이의 법칙에 의해 코일에 유기기전력이 발생하며, 이후 정류자를 거쳐 방향이 일정한 전류(직류)를 얻게 됩니다.

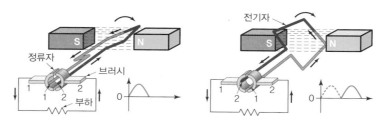

[직류발전기의 원리]

직류발전기에서 직류가 만들어지는 원리를 살펴보면, 위 그림([직류발전기의 원리])에서 각 정류자편과 전기자는 연결되어 있어 같이 시계방향으로 회전하는데 외부의 힘에 의해 전기자가 시계방향으로 반 바퀴 돌면 1번 정류자편에 연결된 도체(전기자)의 전류방향이 플레밍의 오른손법칙에 의해 반대로 바뀌게 됩니다. 그래서 고정되어 있는 브러시 1번과 2번은 항상 같은 방향의 전류가 흐르게 되고 항상 일정한 극성을 가지며 방향이 바뀌지 않는 직류가 발생하게 됩니다.

더 알아 보기

원동기

원동기는 에너지원을 통해 동력을 발생시키는 기기이다. 자동차 내부의 소형 발전기(알터네이터)가 동작하는 과정을 보면 쉽게 이해할 수 있다. 우리가 자동차에 처음 시동을 걸면 배터리에서 엔진 점화회로로 전력을 공급하여 엔진이 구동된다. 그러면 엔진은 연료를 통해 회전력을 발생시키고, 알터네이터는 벨트를 통해 엔진의 회전력을 전달받게 된다. 그래서 시동이 걸린 후에는 엔진의 회전력으로 알터네이터가 동작하여 전력을 발전하고 자동차의 전자장치에 전력을 공급하게 된다.

원동기는 발전기의 회전자를 회전시킬 동력(회전력)을 발생시키는 기기인데 자동차에서 엔진과 같은 역할이라고 이해할 수 있다. 즉, 발전기에서 유기기전력이 발생하기 위해서는 회전자가 회전하여야 하는데 원동기는 회전자를 회전시키기 위해서 필요한 것이다. 자동차의 엔진에서는 연료(휘발유, 경유)를 이용하여 회전력을 얻었다면, 발전소에서 원동기는 화력, 수력, 원자력 등 에너지원을 이용하여 동력을 발생시켜 발전기에 전달한다.

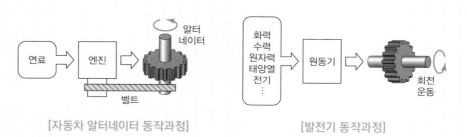

[자동차 알터네이터 동작과정]　　　　[발전기 동작과정]

Q 직류발전기의 구조에 대해서 설명하세요.

A 직류발전기는 계자, 전기자, 정류자, 브러시 등으로 구성되어 있으며, 각각의 특징과 역할은 다음과 같습니다.

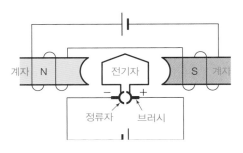

[직류발전기의 구조]

계자는 N극과 S극에 의해 자속을 만드는 장치를 말합니다. 위의 그림([직류발전기의 구조])에서 자극(N극, S극)을 이루는 부분이며, 직류발전기에서 계자는 고정자(고정된 부분)입니다. 또 계자는 영구자석을 이용하기도 하지만 보통 철심에 코일을 감아 자석으로 만든 전자석을 사용하여 자속을 만들어 냅니다. 전자석일 경우 계자는 계자철심, 계자권선, 직류전원으로 구성되며, 계자권선에 흐르는 전류를 계자전류라고 합니다. 부가적으로, 직류전원에서 계자권선에 공급하는 전류를 여자전류라고 부르는데 일반적으로 계자전류와 여자전류는 같다고 볼 수 있습니다.

전기자는 전기를 발생시켜 전력을 생산하는 부분을 말합니다. 철심에 권선을 감은 형태로 유도기전력과 유도전류가 발생하는 곳입니다. 위의 그림([직류발전기의 구조])에서 전기자는 코일에 해당하는 부분이며 회전자(회전하는 부분)입니다.

정류자는 전기자에서 나오는 교류를 직류로 바꿔주는 역할을 합니다. 아래 그램([정류자의 구조 및 기능])에서 정류자는 사이에 절연이 된 여러 개의 정류자편으로 구성되어 있으며, 정류자편에 의해 전기자가 회전하여도 전류의 방향이 바뀌지 않도록 해줍니다.

[정류자의 구조 및 기능]

마지막으로, 브러시는 정류자에 부착되어 내부회로와 외부회로를 연결하는 역할을 합니다. 즉, 고정되어 있는 브러시를 통해 일정한 방향의 전류가 나올 수 있게 됩니다. 브러시는 정류자가 회전하는 부분에 연결되어 있으므로 정류자에 손상을 주지 않도록 마모성이 적고 기계적으로 튼튼해야 하는데 그래서 탄소질(저속기), 흑연질(고속기)을 사용합니다.

Q 타여자발전기에 대해서 설명하세요.

A 외부에서 계자를 통해 자속을 공급해주는 방식으로 전기자와 계자가 다른 회로로 분리되어 있습니다. 회로가 분리되어 있어 부하전류의 변동에 관계없이 일정한 유도기전력을 발생시킬 수 있습니다.

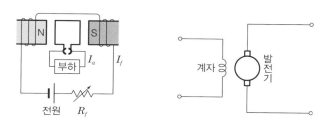

[타여자발전기의 구조]

Q 자여자발전기에 대해서 설명하세요.

A 전기자 권선에서 발생한 전기를 계자에 공급하여 자속을 발생시키는 방식입니다. 전기자와 계자가 한 회로에 연결되어 있는 것으로 자여자발전기에는 직권, 분권, 복권 발전기가 있습니다.

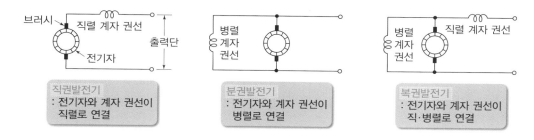

[자여자발전기(직권, 분권, 복권 발전기)]

Q 전기자 반작용과 그 대책에 대해서 설명하세요.

A 전기자 전류에 의해 생긴 자속이 주자속(계자기자력)에 영향을 주는 것을 전기자 반작용이라고 합니다. 그로 인해 전기적 중성축(자속밀도가 0인 지점)이 이동하는 현상이 발생하며, 또한 전기자 반작용에 의해 주자속이 감소하여 유기기전력도 감소하게 되고 발전기의 출력이 나빠지게 됩니다.

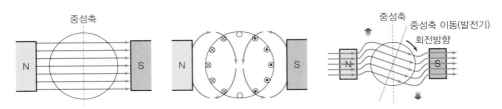

자속이 직선적(회전자 기동 전) ⇒ 전기자에 의한 자속 발생 ⇒ 전기자 반작용으로 중성축 이동

[전기자 반작용]

전기자 반작용의 대책은 브러시 위치 이동, 보극 설치, 보상권선 설치 등이 있습니다.

첫째, 브러시 위치 이동은 브러시의 위치를 전기자 반작용에 의해 바뀐 전기적 중성축으로 이동시켜 원래대로 균형을 잡는 것으로, 발전기는 회전방향으로 전동기는 회전 반대방향으로 브러시의 위치를 이동합니다.

둘째, 보극 설치는 새로운 자성체(보극)를 설치하여 전기자 반작용을 상쇄시키는 것으로, 전기자 반작용의 영향을 받은 곳에만 제한적으로 작용하여 원래의 균형을 잡도록 해주는 것입니다.

셋째, 보상권선 설치는 계자에 구멍을 뚫어 계자권선 이외에 또다른 권선을 설치하는 것으로, 전기자 전류에 의해 생긴 자속과 반대방향의 자속을 만들어 상쇄시킵니다.

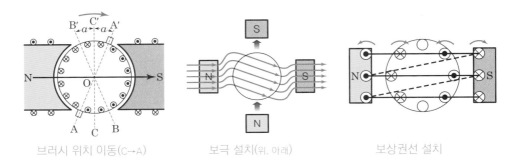

브러시 위치 이동(C→A)　　보극 설치(위, 아래)　　보상권선 설치

[전기자 반작용의 대책]

Q 직류전동기와 그 원리에 대해서 설명하세요.

A 자계 내의 코일에 직류를 공급하여 회전력을 얻는 기기입니다. 즉, 직류를 사용하여 기계적 에너지를 만드는 장치입니다. 구체적으로 자계 내에 있는 도체(전기자)에 전류가 흐르면 로렌츠의 힘이 발생하게 되고, 플레밍의 왼손 법칙에서 전자력이 가리키는 방향으로 코일이 회전하게 되는 것입니다.

다음 그림([직류전동기의 원리])을 통해 직류전동기가 한 방향으로 회전할 수 있는 원리를 설명하겠습니다. 외부 전원에서 직류전류가 브러시, 정류자를 거쳐 코일로 공급(전류방향 : B → A)되면 코일에 전자력이 발생하여 코일은 시계방향으로 회전하게 됩니다. 이후 코일이 180° 회전하면 코일에 흐르는 전류(전류방향 : A → B)는 브러시와 정류자에 의해 반대로 바뀌게 됩니다. 그로 인해 코일은 지속적으로 같은 방향의 힘을 받아 한 방향으로 회전할 수 있게 됩니다.

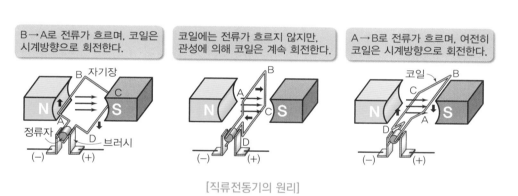

[직류전동기의 원리]

Q 직류전동기의 구조에 대해서 설명하세요.

A 직류전동기의 경우 외부의 직류전원을 통해 전기자에 전류를 공급해 주며, 그 외에는 직류발전기와 동일한 구조(계자, 전기자, 정류자, 브러시 등)인 아래와 같은 구성으로 되어 있습니다.

계자는 N극과 S극에 의해 자속을 만드는 장치로 직류전동기에서 고정자이며, 전기자는 전기를 발생시켜 전력을 생산하는 부분으로 직류전동기에서 회전자입니다. 그리고 정류자는 전기자의 전류 방향을 주기적으로 바꿔주는 역할을 하며, 브러시는 정류자에 부착되어 내부회로와 외부회로를 연결하는 역할을 합니다.

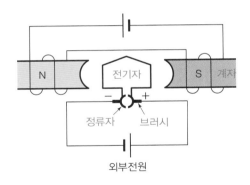

[직류전동기의 구조]

DC 모터와 AC 모터의 장단점과 특징

DC 모터는 직류전원을 사용하여 구동하는 모터로 위에서 설명한 직류전동기를 말한다. 고정자는 자석(영구자석 또는 전자석), 회전자는 코일로 구성되어 있으며, 브러시와 정류자를 통해 외부에서 직류전원을 공급하여 구동한다.

DC 모터의 장점은 큰 기동토크와 높은 출력효율이 있으며, 또한 직류를 사용하므로 속도제어가 간단하고 용이하다는 것이다. 하지만 회전자의 회전에 의한 마찰로 브러시의 마모와 정류자의 소음, 노이즈가 발생한다는 단점이 있으며, 그로 인해 주기적인 부품(브러시 등)의 교체가 필요하다.

AC 모터는 교류전원을 사용하여 회전자계에 의해 구동되는 모터로 다음 Section에 나올 동기전동기와 유도전동기를 말한다. 고정자는 코일, 회전자는 자석(영구자석 또는 전자석)으로 구성되어 있다.

AC 모터는 브러시가 없어 구조가 간단하고 유지 보수가 용이한 장점이 있으며, 이로 인해 산업현장과 전기자동차에 주로 사용된다. 하지만 교류의 위상차로 인해 속도제어가 어렵다는 단점이 있다.

이러한 DC 모터와 AC 모터의 단점을 보완한 것이 앞에 설명한 브러시리스 모터(BLDC)이다.

브러시 모터와 브러시리스 모터

보통 DC 모터는 브러시 모터라고 부른다. 브러시 모터에서 브러시는 회전자에 지속적으로 일정한 방향의 전기를 공급하기 위해 필요하다. 그래서 회전자가 한쪽 방향으로 회전할 수 있게 된다. 즉, 브러시 모터에서는 전기자에 일정한 방향의 전기를 공급하기 위해 브러시가 회전하는 정류자에 부착되어 있다. 그로 인해 기계적인 마모와 파열이 생길 수 있어 모터의 수명과 성능을 저하시킬 수 있는 단점이 있다.

이러한 브러시 모터의 단점을 개선한 것이 브러시리스 모터이다. 브러시리스 모터(BLDC)는 회전자를 영구자석, 고정자를 전기자로 배치하여 브러시 없이도 회전력을 발생시키는 방식이다. 브러시가 없기 때문에 소음이 적고 내구성이 좋은 장점이 있다. 브러시리스 모터는 구조적으로 다음 Section에 나오는 유도전동기와 비슷하다. 하지만 전기자에 모터드라이버에서 변조된 직류전류를 공급하여 높은 가속성능과 정밀한 위치제어가 가능하다는 장점이 있어 작은 크기에서 큰 출력을 낼 수 있어 드론이나 전동공구에 사용된다.

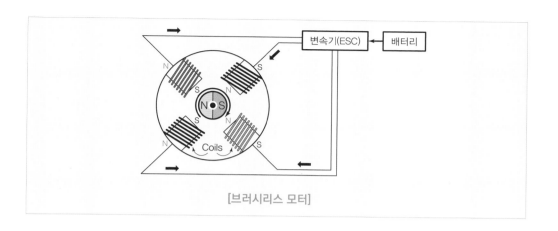

[브러시리스 모터]

SECTION **3** 동기기

Q 동기기에 대해서 설명하세요.

A 정상운전 상태에서 동기속도로 회전하는 전기기기입니다. 동기(同期)란 이름에서 볼 수 있듯이 '함께 움직인다, 같게 한다'는 뜻입니다. 정리하면, 동기기는 회전자계와 회전자가 같은 속도로 움직이는 기기인 것입니다.

동기기에는 동기발전기와 동기전동기가 있습니다. 동기발전기는 회전자의 회전속도에 출력전압 주파수가 동기화되고, 동기전동기는 입력전압의 주파수에 회전자의 회전속도가 동기화됩니다.

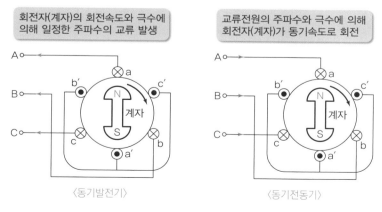

[동기기]

Q   동기속도에 대해서 설명하세요.

A   고정자(전기자)에서 발생하는 회전자계 속도(N_s)를 동기속도라고 합니다. 동기기의 경우 고정자의 회전자계 속도(N_s)와 회전자의 속도(N)가 일치하게 됩니다. 예를 들면, 동기발전기에서 회전자(계자)가 회전하는 속도가 60rms라면 고정자(전기자)에 발생하는 회전자계 속도도 60rms로 발생하게 됩니다. 동기발전기와 흐름이 반대인 동기전동기도 마찬가지로 회전자계 속도와 동일하게 회전자(계자)가 회전하는 것이며, 이를 동기전동기는 동기속도로 회전한다고 할 수 있습니다.

동기속도 : $N_s = \dfrac{120f}{p}$ [rpm]

회전자계

⚡ 더 알아 보기

회전자계란 회전방향으로 변화하는 자계를 말한다. 고정된 전기자 권선에 흐르는 전류의 변화에 의해 유도되는 자계가 마치 회전하는 것처럼 변화하기 때문이다. 이렇게 되면 분명 전기자는 고정되어 있는데도 자석이 회전하는 것과 같은 상태가 된다.

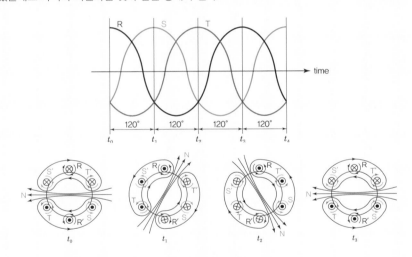

[회전자계의 원리]

전기자 권선에 주기적으로 변화하는 전류가 흐르게 되면 그림과 같이 각 권선에 유도되는 자계의 방향이 계속 바뀌게 된다. 그 자계가 한 방향으로 합성되면서 합성자계의 방향(N극, S극)이 발생하게 된다. 그림([회전자계의 원리])에서는 시계방향으로 합성자계가 회전하게 되는데 마치 자석의 N극과 S극을 회전시키는 것과 같은 효과가 나타난다. 이것을 회전자계라고 한다.

❖ 그림에서 전기자 권선은 R, S, T – R′, S′, T′ 쌍으로 구성되어 있으며, 앙페르의 오른나사법칙으로 전류의 방향에 의해 자계의 방향을 알 수 있어 합성자계(N극과 S극)의 방향을 알 수 있는 것입니다.

Q 동기발전기와 그 원리에 대해서 설명하세요.

A 동기속도로 회전하여 교류를 발생시키는 발전기입니다. 구체적으로, 고정자(전기자)에 권선을 120°
의 위상차로 감고, 내부에 원동기로 회전자(계자)를 회전시킵니다. 그러면 회전자와 동일한 속도의
회전자계가 전기자에 발생하게 되며 교류 기전력이 유기되는 것입니다.

　　다음 그림([회전자(계자)에 의한 교류 기전력의 발생과정])을 통해 동기발전기의 원리를 설명하겠습니
다. 먼저 회전자(계자)가 회전하면 렌츠-패러데이 법칙에 의해 고정자(전기자)의 권선에 자속의 변
화가 발생(회전자계 발생)하게 되어 a-a', b-b', c-c' 3조의 코일에 의해 120° 위상차의 3상 교류 기전
력이 발생하게 됩니다.

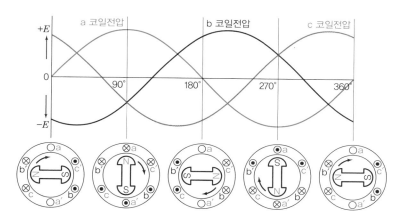

[회전자(계자)에 의한 교류 기전력의 발생과정]

더 알아 보기

우리나라 발전소의 발전기

우리나라 발전소의 경우 동기발전기를 사용하고 있다. 그 이유는 고정자의 회전자계와 회전자의 회전
속도가 동일(동기기)하므로 주파수의 변동이 적어 전력의 품질이 좋기 때문이다.

우리나라는 60Hz를 사용하고 있기 때문에 회전속도에 따라 동기발전기의 극수가 정해진다. 화력발
전의 경우 고온고압의 증기가 터빈을 고속(3,600rpm)으로 회전시키기 때문에 극수가 적은 2극
$\left(N_s = \dfrac{120f}{p} \Rightarrow p = \dfrac{120 \times 60}{3,600} = 2\right)$ 을 사용하는 것이 유리한 반면, 원자력발전의 경우 화력보다
상대적으로 저온 저압이므로 터빈의 속도(1,800rpm)가 느리기 때문에 4극을 사용하며, 수력의 경
우 낙차에 의한 힘을 이용한 것으로 상대적으로 터빈이 더욱 느리게 돌아가므로 동일한 60Hz를 만들
기 위해서 더 많은 극수를 사용하고 있다.

A 동기발전기는 계자, 전기자, 슬립링, 브러시 등으로 구성되어 있으며, 각각의 특징과 역할은 다음과 같습니다.

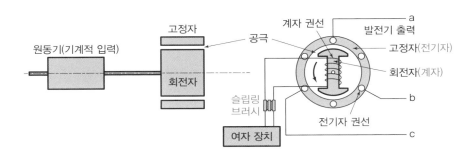

[동기발전기의 구조]

계자는 N극과 S극에 의해 자속을 만드는 장치를 말합니다. 계자 철심에 계자 권선을 감고 여자장치를 통해 직류를 공급하여 N극과 S극의 전자석을 만듭니다. 동기발전기에서 계자는 회전자로 원동기에 의해 직접 회전하는 부분입니다. 계자가 고정자였던 직류발전기와는 차이점이 있습니다.

전기자는 전기를 발생시켜 전력을 생산하는 부분을 말합니다. 동기발전기에서 전기자는 회전자계를 만드는 곳으로 직류기와 다르게 고정자입니다. 전기자 권선은 120°의 위상차로 감아놓았기 때문에 유기기전력이 120°의 위상차를 가지고 나타나게 됩니다. 또한 전기자 권선은 Y결선으로 되어 있어 이상전압 대책과 절연에 유리하다는 장점이 있습니다.

슬립링은 계자가 회전하여도 직류전원을 공급할 수 있게 해 주는 것입니다. 회전계자형의 경우 2개의 슬립링이 각 계자권선과 연결되어 있습니다. 그래서 계자가 회전하면 슬립링도 같이 회전하여 전선이 꼬이지 않고 일정한 방향의 직류를 공급할 수 있게 해 줍니다.

브러시는 슬립링에 부착되어 내부회로와 외부회로를 연결하는 역할을 합니다. 즉, 고정되어 있는 브러시를 통해 일정한 방향의 전류가 인가됩니다. 회전하는 슬립링에 접촉하여 브러시가 고정되어 있으므로 브러시는 슬립링에 손상을 주지 않도록 마모성이 적고 기계적으로 튼튼해야 합니다.

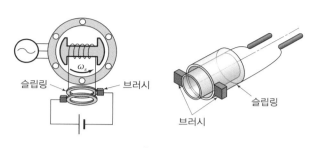

[브러시]

> **회전계자형을 사용하는 동기발전기**
>
> 동기발전기는 3상의 기기이기 때문에 결선이 복잡하다. 그러므로 전기자 권선이 고정되어 있는 것이 배치에 용이하다. 또한 전기자를 회전시키는 것보다 인출선이 2선인 계자를 회전시키는 것이 안정적이며, 회전 시 외부의 전원과 연결시켜 주는 슬립링 및 브러시의 개수도 감소하게 되어 경제적이다. 그리고 전기자 권선은 고전압, 계자 권선은 저전압이므로 고전압인 전기자 권선을 회전시키는 것보다 계자 권선을 회전시키는 것이 절연에 용이하며 구조적으로도 안정적이다. 그러므로 동기발전기는 회전전기자형보다 회전계자형을 주로 사용한다.

Q 동기전동기와 그 원리에 대해서 설명하세요.

A 교류를 인가하였을 때 정속도(동기속도)로 회전하는 기기입니다. 구체적으로 고정자(전기자)의 권선에 3상 교류전원을 인가하면 회전자계가 발생하게 됩니다. 그러면 회전자계와 회전자(계자)의 자계가 맞물려 동기속도로 회전하게 됩니다. 다음 그림([회전자계와 계자가 동기속도로 회전])과 같이 교류전원에 의해 회전자계가 발생하면 회전자계의 극과 계자의 극이 자기적으로 맞물려 동기속도로 같이 회전하게 되는 것입니다. 즉, 자석이 서로 다른 극과 인력이 작용하는 것처럼 회전자의 S극은 회전자계의 N극과 인력이 작용하여 회전이 이루어지게 되는 것입니다.

하지만 전원투입이 되자마자 동기속도로 회전하는 회전자계의 속도를 회전자가 따라하지 못하므로 회전자가 회전하지 못합니다. 즉, 동기전동기는 기동토크가 거의 없습니다. 그로 인해 계자에 기동권선을 설치하여 기동토크를 만들거나 유도전동기를 사용하여 기동 시 회전력을 주는 방법을 사용하여 기동을 합니다.

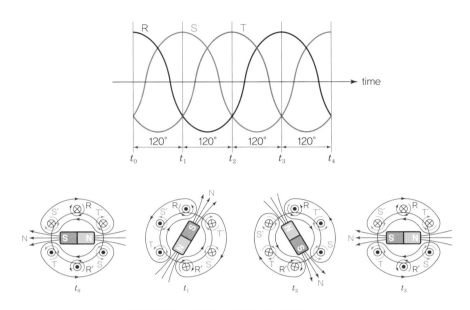

[회전자계와 계자가 동기속도로 회전]

Q 동기전동기의 구조에 대해서 설명하세요.

A 동기전동기의 경우 동기발전기와 동일한 구조(계자, 전기자, 슬립링, 브러시 등)인 다음과 같은 구성으로 되어 있습니다.

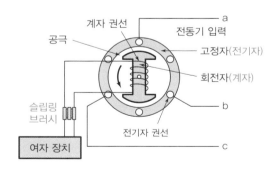

[동기전동기의 구조]

계자는 N극과 S극으로 자속이 만들어지는 부분이며 동기전동기에서 회전자이며, 전기자는 전기를 인가하는 부분으로 동기전동기에서는 고정자입니다. 그리고 슬립링은 계자가 회전하여도 직류전원을 공급할 수 있게 해 주는 장치이며, 브러시는 슬립링에 부착되어 내부회로와 외부회로를 연결하는 역할을 합니다. 즉, 고정되어 있는 브러시를 통해 일정한 방향의 전류가 인가됩니다.

Q 동기조상기에 대해서 설명하세요.

A 동기전동기를 무부하상태로 운전하여 역률 조정에 사용하는 기기입니다. 무부하상태인 동기전동기의 계자전류가 증가하거나 감소하면 무효전력을 공급할 수 있습니다. 동기속도로 회전하려고 하는 동기전동기의 특성에 따라 전기자에 진상 또는 지상전류가 흐르게 됩니다.

만약, 계자전류(I_f)를 감소시키면 계자의 자속(ϕ)이 감소하게 되고 이때 전기자 코일은 자속을 증가시키려는 전기자반작용으로 인해 인덕턴스(L)처럼 작용하게 되어 지상전류가 흐르게 됩니다. 반대로도 마찬가지로 계자전류를 증가시키면 진상전류가 흐르게 됩니다. 이를 이용하여 동기조상기는 무효전력을 조정하여 역률을 개선하는 역할을 합니다.

아래 오른쪽 그림은 동기조상기의 위상특성곡선(V곡선)입니다. 부하를 일정하게 하였을 때 계자전류에 따른 전기자전류의 변화를 나타내는 곡선입니다. 그래프와 같이 부족여자일 때는 전기자에 지상전류가 흐르게 되며, 과여자일 때는 전기자에 진상전류가 흐르게 됩니다. 이러한 특성을 이용하여 동기전동기를 동기조상기로 사용하여 역률을 개선합니다.

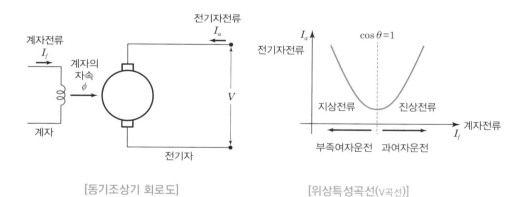

[동기조상기 회로도]　　　　　　[위상특성곡선(V곡선)]

유도전동기

Q 유도전동기에 대해서 설명하세요.

A 전자유도법칙에 의해 회전력을 얻는 기기입니다. 유도전동기의 원리는 자석을 회전시켜 도체가 같은 방향으로 따라 움직이도록 하는 아라고원판의 원리와 같습니다. 다만, 유도전동기에서는 고정자(전기자)에 인가되는 교류전원으로 자석의 회전을 발생시키며, 3상 유도전동기에서는 회전자계, 단상 유도전동기에서는 교번자계를 이용(기동 후)합니다.

> **더 알아 보기**
>
> **아라고원판의 원리**
>
> 아라고원판은 구리원판에 회전축을 달고 말굽자석을 회전시키면 구리원판이 따라 회전하는 현상이다. 그 원리는 자석이 이동함에 따라 플레밍의 오른손 법칙에 의해 구리원판에 기전력이 발생하여 유도전류가 흐르게 된다. 그 유도전류는 원판의 중심(O)으로 들어가는 방향이 되고, 다시 도체의 표면으로 흐르려는 전류의 성질에 따라 원주를 따라 흐르며 맴돌이전류(와전류)를 형성한다. 그러면 양쪽의 맴돌이전류가 합쳐진 유도전류 방향과 자석의 자속에 의하여 구리원판은 플레밍의 왼손 법칙에 의해 힘(전자력)이 작용하게 되고, 자석과 동일한 방향으로 회전하게 된다.

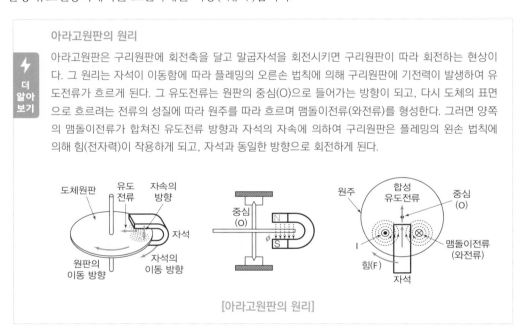

[아라고원판의 원리]

Q 슬립(Slip)에 대해서 설명하세요.

A 유도전동기에서 슬립은 고정자 회전자계(N_s)의 속도와 회전자 속도(N)의 차이를 나타냅니다. 즉, 동기속도에서 속도가 줄어든 전도를 나타냅니다. 아라고원판에서 생각해보면, 말굽자석을 따라 원판이 돌기 때문에 말굽자석의 이동속도(N_s)가 구리원판의 회전속도(N)보다 조금 더 빨리 회전하

는데, 이 차이를 슬립(s)이라고 합니다.

슬립 : $s = \dfrac{N_s - N}{N_s}$

> **더 알아 보기** **유도전동기와 동기전동기의 차이**
>
> 유도전동기와 동기전동기는 교류전압을 인가하면 고정자(전기자)에 회전자계가 발생하여 회전자가 회전한다는 공통점이 있다. 하지만 가장 큰 차이점은 동기전동기는 회전자에 여자장치를 연결하여 전자석을 통해 스스로 자계를 만들지만, 유도전동기는 전자유도로 회전자에 유도전류를 흘려 자계를 만든다는 것이다. 이 때문에 동기전동기가 고정자의 회전자계(N_s)와 회전자(N)가 동기속도(N_s)로 같이 회전한다면 유도전동기는 고정자의 회전자계(N_s)를 따라 회전자(N)가 회전하므로 회전자가 항상 느리게 돈다. 속도 차이($N_s > N$)인 슬립이 발생한다는 차이가 있다.

Q 3상 유도전동기와 그 원리에 대해서 설명하세요.

A 3상 교류를 인가하였을 때 회전력이 발생하는 기기입니다. 구체적으로 고정자에 전기자 권선을 120°로 배치하고 교류전압을 인가하면 회전자계가 발생하고 그 회전자계를 따라 회전자가 스스로 회전하는 것입니다.

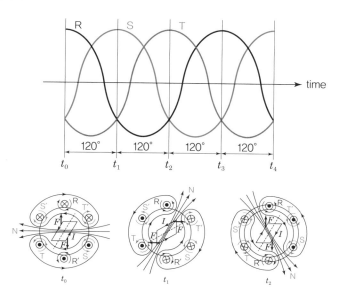

[회전자계의 발생과 회전자의 회전]

앞의 그림([회전자계의 발생과 회전자의 회전])에서 3상 유도전동기에 3상 교류가 인가되면 회전자는 시계방향으로 회전합니다. 회전자계에 의해 회전자에 자속의 변화가 발생하여 그림과 같이 유도전류(전자기유도)가 흐르게 됩니다. 그 유도전류에 의해 로렌츠의 힘이 발생하며 플레밍의 왼손 법칙에 의해 힘이 작용하여 회전자가 시계방향으로 회전하는 것을 볼 수 있습니다.

Q 3상 유도전동기의 구조에 대해서 설명하세요.

A 3상 유도전동기는 고정자, 회전자 등으로 구성되어 있으며, 그 특징 및 역할은 다음과 같습니다.

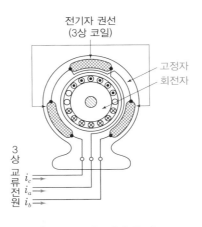

[3상 유도전동기의 구조]

고정자는 회전하지 않고 고정된 부분입니다. 그림([3상 유도전동기의 구조])과 같이 전기자 권선을 120°의 위상차로 감은 곳으로 회전자계가 발생하는 곳입니다.

회전자는 유기기전력이 발생되어 회전하는 부분입니다. 동기전동기와는 다르게 외부전원(여자장치) 혹은 자석을 통해 계자를 만드는 것이 아닌 전자기 유도현상으로 유도전류가 흘러 회전력이 발생하는 곳입니다. 회전자의 구조에 따라 농형과 권선형으로 구분됩니다. 농형은 새장모양의 금속으로 되어 있는 회전자입니다. 구조적으로 간단하여 취급이 용이하고 튼튼하며 기동토크가 작기 때문에 주로 소용량의 기계동력으로 사용합니다. 또한 큰 기동전류로 발생하는 전압강하를 방지하기 위해 기동법을 이용하여 기동 시에는 Y결선으로 기동전류를 줄이고, 운전 시에는 결선으로 전환하여 정격전압을 투입하는 방식을 사용합니다. 그리고 권선형은 회전자에 권선과 슬립링을 가진 구조입니다. 슬립링을 통해 기동 시 외부에 직렬로 저항을 연결(비례추이)하여 기동토크를 크게 할 수 있으므로 관성이 큰 중·대용량의 부하에 사용됩니다.

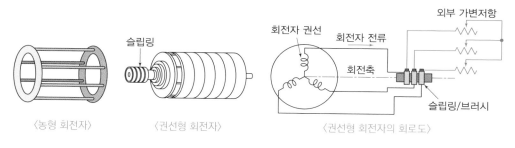

〈농형 회전자〉　　　　〈권선형 회전자〉　　　　〈권선형 회전자의 회로도〉

[회전자의 구분]

농형 유도전동기와 권선형 유도전동기의 비교

구분	농형 유도전동기	권선형 유도전동기
구조	간단	복잡
보수 및 수리	쉬움	어려움
기동토크	작음	큼
기동전류	큼	작음
가격	저렴	고가
용도	소용량(송풍기, 소형모터 등)	중·대용량(크레인, 대형펌프 등)

Q 단상 유도전동기와 그 원리에 대해서 설명하세요.

A 단상 교류를 전원으로 사용하여 회전력을 얻는 유도전동기입니다. 고정자에 전기자 권선을 감고 단상 교류를 인가하면 자석의 N극과 S극이 형성되어 로렌츠의 힘에 의해 회전자가 회전하게 됩니다. 하지만 고정자(전기자)에서는 단순히 정(+)방향, 반대(−)방향으로 바뀌며 진동하는 교번자계가 발생합니다. 즉, 3상 유도전동기처럼 회전자계가 발생하지 못하므로 스스로 기동하지 못합니다. 그러므로 교번자계에 의해 지속적으로 회전하기 위해 기동 시 일정한 방향으로 회전력을 주어야 합니다.

　그림([교번자계의 원리])과 같이 단상 유도전동기에서 회전자를 시계방향으로 살짝 회전시켜 주면 위상이 90도 느린 회전자 자계(ϕ_q)가 형성됩니다. 그러면 고정자 자계(ϕ_d)와 합해져 합성자계(ϕ_t)가 형성되는데 회전하는 자계(회전자계)와 같습니다. 이러한 원리로 인해 단상 유도전동기는 초기 회전력만 있으면 스스로 회전할 수 있습니다.

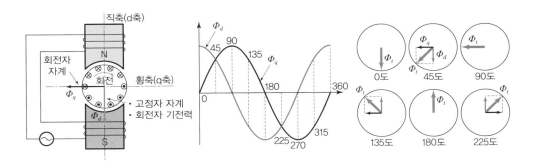

[교번자계의 원리]

단상 유도전동기가 스스로 기동하지 못하는 이유

더 알아 보기

단상 유도전동기는 정지 시 회전자계가 발생하지 않아 스스로 기동하지 못한다. 3상 유도전동기는 3개의 코일을 120°로 배치하여 3상의 교류전원에 의해 시간에 따라 자계가 회전하는 것(회전자계)과 같이 움직이게 되며, 그로 인해 내부 코일(회전자)에 자속의 변화가 생겨 유도전류가 흐르고 내부 코일에도 자계가 형성되어 회전자계를 따라 회전하게 된다. 하지만 단상 유도전동기는 1상의 교류전원에 의해 N극과 S극이 제자리에서 교차하는 형태인 교번자계가 형성될 뿐 일정한 방향으로 이동하는 회전자계가 생기는 것이 아니기 때문에 스스로 기동하지 못하며, 그로 인해 회전자가 계속 진동만 할 뿐 한 방향으로 회전하지 못한다.

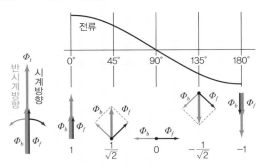

[고정자의 교번자계(2회전자계설)]

위의 그림([고정자의 교번자계(2회전자계설)])과 같이 교번자계를 반시계방향(Φ_b), 시계방향(Φ_f)으로 회전하는 2가지 성분으로 나누어 생각할 수 있다. 그러면 단상 교류의 위상에 따라 합성자계(Φ_t)는 위, 아래로 교번만 할 뿐 회전자계가 발생하지 않는다는 것을 알 수 있다. 그로 인해 회전자가 정지해 있을 때는 스스로 기동하지 못하며, 기동 시 일정한 방향으로 회전력을 주기 위한 기동장치가 필요하게 된다.

Q 단상 유도전동기의 기동방법에 대해서 설명하세요.

A 콘덴서 기동형으로 기동합니다. 콘덴서 기동형은 보조권선(기동권선)에 콘덴서를 직렬로 설치한 기동방법입니다. 콘덴서에 의해 보조권선에는 진상전류가 흘러 주권선과 보조권선의 자계 위상차가 발생하게 됩니다. 그러면 순간적으로 회전자계가 형성되어 단상 유도전동기의 초기 기동이 가능하게 되며, 기동토크($T = k\Phi_d\Phi_q\sin\theta$)는 주권선과 보조권선의 위상차가 90°에 가까울수록 더 크게 발생합니다.

단상 유도전동기가 소형기기에 많이 사용되는 이유

단상 유도전동기는 소형기기에 많이 사용되는데 그 이유는 일반 가정에서 단상 교류전원을 사용하기 때문이다. 그로 인해 선풍기, 냉장고, 세탁기, 펌프 등 가정용 전기기구에 단상 유도전동기가 사용되고 있으며, 주로 사용되는, 단상 유도전동기는 콘덴서 기동형 단상 유도전동기이다.

SECTION 5 변압기

Q 변압기와 그 원리에 대해서 설명하세요.

A 전압을 변환(승압 또는 강압)하는 기기입니다. 구체적으로 자기회로를 가진 철심에 두 개의 코일을 감아 교류전압을 가하면 철심에 자속(교번자계)이 흐르게 됩니다. 그 자속이 다른 권선을 지나가면 렌츠–패러데이 법칙(전자기유도)에 의해 유도기전력이 발생하게 됩니다.

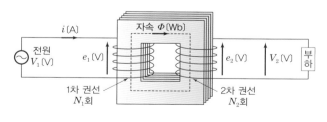

[변압기의 변압과정]

앞의 그림([변압기의 변압과정])을 통해 살펴보면, 1차 측에 교류전압 V_1을 인가하면 코일 N_1에 전류가 흘러 자속(Φ)이 발생하게 되며, 이 자속이 2차 측 N_2코일에 쇄교하여 패러데이 법칙의 전자유도($e = -N\dfrac{d\Phi}{dt}$)에 의해 유기기전력 e_2가 생기게 됩니다. 이때 쇄교하는 자속(Φ)에 의해 발생하는 유기기전력($e = 4.44fN\Phi[\mathrm{V}]$)은 감은 수에 비례하여 발생하게 됩니다. 그러므로 1차 측 코일과 2차 측 코일의 감은 수의 비를 이용하여 변압을 하는 것입니다. 예를 들어, 220V를 110V로 변압해 주는 경우 권수비 $a = \dfrac{N_1}{N_2} = \dfrac{220}{110} = 2$ 이므로 N_1을 N_2보다 2배 더 감으면 됩니다.

Q 변압기의 손실에 대해서 설명하세요.

A 변압기의 손실에는 부하손과 무부하손이 있습니다.

부하손은 부하전류에 의해 발생하는 손실로 부하의 증감에 따라 변하므로 가변손이라고도 합니다. 부하손에는 권선저항에 의해 발생하는 동손과 부속품 및 아주 작은 공차에서 누설자속에 의해 발생하여 손실의 원천을 알 수 없는 표류부하손이 있습니다.

무부하손은 전원 인가시 부하가 없어도 발생하는 손실로 고정손이라고도 합니다. 주로 자성체 내에서 자속의 변화에 의한 철손이 대부분이며, 철손에는 주기적인 자속변화에 의한 철심 내에서의 손실인 히스테리시스손과 자속에 의해 생긴 맴돌이전류(와전류)에 의한 손실인 와류손이 있습니다. 변압기는 부하손과 무부하손에 의한 변압 과정에서 전력손실이 발생하게 됩니다.

[변압기의 손실]

> **더 알아보기**
>
> **히스테리시스손과 와류손**
>
> 히스테리시스손과 와류손은 철손에 속한다. 철손이란 자성체 내에서 자속의 변화에 의해 발생하는 손실을 말한다. 다시 말해, 변압기의 교류전압에 의해 철심에 자속이 계속 변화하게 되고 그에 따라 손실이 발생하게 되는 것이다.
>
> 히스테리시스손은 주기적으로 변화하는 자속에 의해 발생하는 것으로 철심의 자속밀도의 변화가 자계의 세기 변화보다 늦는 현상이 발생할 때 철 내부에서 열에너지로 손실이 발생하는 것이며, 와류손은 자속에 의해 생긴 맴돌이전류(와전류)에 의한 손실로 이 와전류에 의해 열이 발생하여 에너지가 손실되는 것이다.
>
> 그로 인해 히스테리시스손을 줄이기 위해 규소가 1~4% 함유된 규소강판을 철심재료로 사용하고, 와류손을 줄이기 위해 맴돌이전류(와전류)의 경로를 줄일 수 있는 성층철심을 사용한다.

Q 변압기의 임피던스 전압에 대해서 설명하세요.

A 정격전류가 흐를 때 변압기 내의 전압강하를 말합니다. 측정방법으로는 변압기 2차 측을 단락한 상태에서 전압을 인가하여 1차 측 단락전류가 1차 측 정격전류와 같아질 때의 1차 측 단자전압을 측정하여 구합니다.

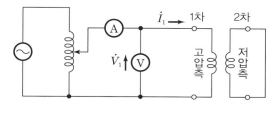

[임피던스 전압측정 회로도]

Q 변압기의 %임피던스에 대해서 설명하세요.

A 정격전압에 대한 임피던스 전압의 비율을 말합니다. 다음 그림([%임피던스의 개념])과 같이 변압기 내부 임피던스 Z에 정격전압 E_n을 가하면 회로에 정격전류 I[A]가 흐르게 되고 전압강하 ZIV가 발생하게 되는데, 전압강하 ZI[V]가 정격전압 E_n의 몇 %에 해당하는지를 비율로 나타낸 것이 %임피던스입니다. 즉, %임피던스$(\%Z) = \dfrac{I \cdot Z}{E_n} \times 100[\%]$로 구할 수 있습니다.

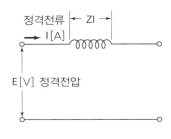

[%임피던스의 개념]

　　%임피던스를 사용하는 이유는 계통에 많은 설비가 있는 경우 각 부분의 값을 쉽게 통합할 수 있기 때문입니다. 임피던스의 경우에는 사용하는 전압에 따라 그 값이 달라지기 때문에 기준이 되는 전압을 정한 후 환산을 해 주어야 합니다. 하지만 %임피던스의 경우 변압기의 고압 측과 저압 측의 값이 언제나 같기 때문에 그대로 적용할 수 있다는 장점이 있습니다.

　　다음으로 %임피던스와 단락전류와의 관계에 대해 설명하겠습니다. 예를 들어, 전원이 100V인 회로에 변압기 내부 임피던스가 5Ω, 부하가 15Ω이라 하면, 이때 회로의 정격전류는 $I_n = \dfrac{100}{5+15} = 5\,[\mathrm{A}]$가 됩니다.

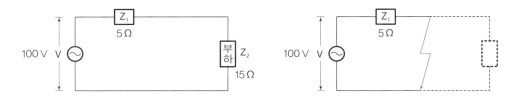

[%임피던스와 단락전류의 관계]

　　여기서 단락이 발생한다면, 단락전류는 $I_s = \dfrac{100}{5} = 20\,[\mathrm{A}]$로 4배 증가하게 됩니다. 결국 %임피던스는 회로 전체의 임피던스 20Ω 중 변압기 내부 임피던스 5Ω의 비율이 몇인지를 나타내는 것으로 볼 수 있으므로 $\%Z = \dfrac{5}{5+15} \times 100 = 25\,[\%]$가 됩니다. 다시 말해, %임피던스와 단락전류는 반비례의 관계에 있으며, 단락전류 $I_s = \dfrac{100}{\%Z} \times I_n = \dfrac{100}{25} \times 5 = 20\,[\mathrm{A}]$를 구할 수 있습니다. %임피던스를 통해 변압기가 많은 복잡한 회로계통의 단락전류를 계산하는 것이 유용해질 수 있습니다.

Q 변압기의 극성에 대해서 설명하세요.

A 감극성과 가극성으로 구분하여 설명할 수 있습니다.

먼저 변압기의 1차 코일과 2차 코일이 동일 단자(U–u, V–v)를 마주보고 있을 때 감극성이라고 합니다. 다시 말해, 1차 측 코일에 발생하는 유기기전력과 2차 측 코일에 발생하는 유기기전력의 방향이 동일방향으로 전압이 유기되는 것이 감극성입니다.

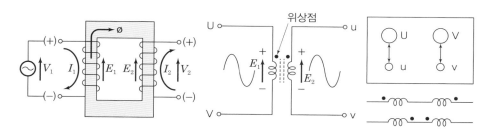

[감극성]

그리고 변압기의 1차 코일과 2차 코일이 다른 단자(U–v, V–u)를 마주보고 있을 때 가극성이라고 합니다. 감극성과 반대로 1차 측 코일에 발생하는 유기기전력과 2차 측 코일에 발생하는 유기기전력의 방향이 반대방향으로 전압이 유기되는 것이 가극성입니다.

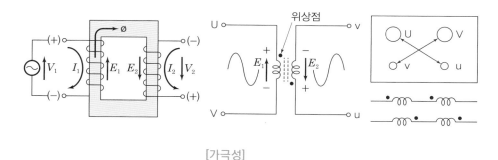

[가극성]

우리나라에서 감극성을 표준으로 사용하는 이유

우리나라 변압기는 감극성을 사용한다. 그 이유는 먼저 변압기의 고저압(1, 2차 측) 혼촉 시 전압이 경감되는데 그로 인해 계통에 접속되는 기기들의 절연등급을 낮춰 비용부담을 줄일 수 있기 때문이다. 그리고 감극성일 경우 각 순간의 전압방향이 동일(극성이 같음)하여 순환전류가 흐르지 않기 때문이다. 만약 극성이 다르게 되면 순환전류가 흘러 변압기에 문제가 발생하므로 변압기의 병렬운전 조건에서도 극성이 같도록 하고 있다.

CHAPTER
05

회로이론 및 제어공학

⚡ 주요 Key Word

#전기이론   #음의 법칙   #키르히호프 법칙

#테브난의 정리   #PID 제어

SECTION 1 회로이론

1. 전기이론

Q 전류에 대해서 설명하세요.

A 전류는 "전하의 흐름"으로, 회로에서 단위시간당 통과하는 전하의 양을 말합니다. 쉽게 말해 높은 곳의 물이 낮은 곳으로 수도관을 통해 흐르는 경우 높은 곳은 전지의 (+)극, 낮은 곳은 (−)극, 수도관의 물은 전류가 됩니다. 하지만 실제로는 전류와 전하는 이동방향이 반대입니다. 금속의 자유전자인 음전하(−)가 (+)극으로 이동하면서 반대방향으로 전류의 흐름이 발생하는 것입니다.

$$전류 : I = \frac{Q}{t} [\text{A(암페어)} = \text{C/sec}]$$

위 식에서 $Q[\text{C}]$은 전하량을 의미하는 것이며, 전하가 가지고 있는 전기의 양을 의미합니다.

전자 1개의 전하량은 1.602×10^{-19} [C]이며, 1C이 되기 위한 전자의 개수는 6.24×10^{18}개입니다. 그러므로 전류 1A는 1초 동안 1C의 전자(6.24×10^{18}개)가 이동하는 것입니다.

전류와 전자(음전하)의 이동방향이 반대인 이유

음전하(-)인 전자의 이동과 전류의 방향은 반대이다. 그 이유는 전류보다 전자의 발견이 더 늦었기 때문이다. 전자의 발견 전에 이미 양전하(+)인 양성자가 이동하는 것으로 생각을 하여 전류의 흐름방향을 정했기 때문에 전자의 흐름과 전류의 방향은 반대가 된다.

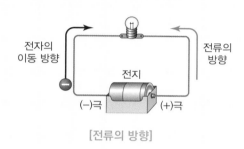

[전류의 방향]

전하

전하(電 : 전기, 荷 : 짊어지다)는 전기를 짊어지고 있다는 것으로 어떤 물체가 가지고 있는 전기적인 성질이라고 볼 수 있다. 양성자는 (+)전하를 가지고 있으며, 전자는 (-)전하를 가지고 있다. 마치 자석의 N극과 S극이 다른 성질을 가지고 있는 것과 같다. 보통의 상태에서는 양성자와 전자가 균형을 이루어 중성의 성질을 나타내지만 전자를 얻거나 버리는 과정(가열, 충돌 등)에 의해 (+)전하와 (-)전하가 결정된다. 그 과정의 결과로 (+)전하를 나타내는 양성자의 수가 (-)전하를 나타내는 전자의 수보다 많으면 (+)전하, 전자의 수가 양성자의 수보다 많으면 (-)전하를 띠게 된다.

Q 전압에 대해서 설명하세요.

A 전압은 '두 지점의 전기적인 위치에너지의 차이'로 한 지점의 단위전하가 이동하는 데 필요한 에너지를 말합니다. 예를 들어, 장난감 자동차를 평지에 가만히 두었을 때는 움직이지 않지만 1m 높이의 경사면에 두면 자동차는 위에서 밑으로 내려갈 수 있는 에너지가 생기게 됩니다. 이때 평지와 1m 사이의 위치에너지 차이가 전위차, 즉 전압인 것입니다. 이와 같이 전압이 높은 곳에서 낮은 곳으로 전기적인 위치에너지의 차이가 발생하여 전류가 흐르게 되는 것입니다.

$$\text{전압} : V = \frac{W}{Q} \ [\text{V(볼트)} = \text{J/C}]$$

전위, 전위차, 전압의 차이

전위, 전위차, 전압은 용어를 혼용하여 사용하는 경우가 많다. 전위는 어느 지점에서의 전기적인 위치에너지를 말하며, 전위차는 두 지점의 전기적인 위치에너지의 차이를 말한다. 예를 들어, a지점의 전위가 200V, b지점의 전위가 100V인 경우 a와 b의 전위차분 아니라 전압은 100V라고 말할 수 있다. 즉, 전압은 전위차와 같은 의미이지만 전위와는 다른 의미이다.

Q 저항에 대해서 설명하세요.

A 도체에 전류가 흐르는 것을 방해하는 요소를 말합니다. 예를 들어, 도로에 과속방지턱이 있으면 방지턱이 없는 것보다 자동차의 운행을 방해하여 속도에 영향을 줄 것입니다. 여기서 과속방지턱은 저항이 되는 것입니다.

$$저항 : R = \frac{V}{I}\,[\Omega(옴) = \mathrm{V/A}],\ R = \rho \frac{l}{S}\,[\Omega]$$

Q 전력에 대해서 설명하세요.

A 전력은 단위시간 동안 전기회로에 공급되는 전기에너지를 말하며, 표기는 Electric Power의 P로 표시합니다. 전력은 전기의 힘으로 생각하면 되며, 사람도 힘이 셀수록 일을 많이 할 수 있는 것처럼 전력도 클수록 일을 많이 할 수 있습니다.

$$전력 : P = VI = I^2 R = \frac{V^2}{R}\,[\mathrm{W}(와트) = \mathrm{J/sec}]$$

❖ 전력-마력 환산 : $1\mathrm{HP} = 756\,\mathrm{W}$

Q 전력량에 대해서 설명하세요.

A 전력량은 시간(t) 동안 공급되는 전기에너지를 말하며, 전력에 사용시간(t)을 곱한 값입니다. 전력량 = 전력 × t 이므로 다음과 같은 식으로 표현할 수 있습니다.

$$\text{전력량} : W = VIt = I^2Rt = \frac{V^2}{R}t \, [\text{J(줄)} = \text{W/sec}]$$

❖ 전력량-열량 환산 : $1\text{cal} = 4.2\text{J} \rightarrow 1\text{J} = 0.24\text{cal}$

 실생활에 적용되는 전력량

우리의 실생활에서는 전력보다 전력량이 더 많이 사용된다. 그 이유는 전기요금이 전력량에 따라 부과되기 때문이다. 단위시간 동안 사용하는 전기에너지인 전력보다 사용시간(t)에 따라 전기에너지를 구하는 전력량이 전기요금 부과에 적절하기 때문이다. 에너지의 크기가 매우 크기 때문에 사용시간(t)은 초sec 대신 시hour를 사용하며, 단위는 와트시Wh로 나타낸다.

Q 옴의 법칙에 대해서 설명하세요.

A 옴의 법칙은 전류, 전압, 저항 사이의 연관성을 설명하기 위해 사용됩니다. 그 내용으로 전류는 전압에 비례하고 저항에 반비례한다는 것입니다. 보통 전기는 물의 흐름으로 비교를 많이 하는데 물 높이의 위치에너지를 전압, 물의 흐름을 전류, 물이 흐르는 통로를 저항으로 생각할 수 있습니다. 물이 흐르는 통로가 좁아지면 저항을 받아 물의 흐름이 약해질 것(저항 $\propto \frac{1}{\text{전류}}$)이며, 또한 일정한 통로에 물이 높은 곳에서 내려오면 물의 흐름이 세질 것(전압 $\propto$ 전류)입니다. 이러한 현상을 생각하면 쉽게 이해할 수 있을 것입니다.

전류, 전압, 저항의 관계식 : $I = \dfrac{V}{R}[\text{A}], \; V = I \cdot R[\text{V}], \; R = \dfrac{V}{I}[\Omega]$

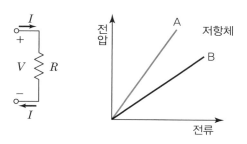

〈옴의 법칙에서 전류 – 전압 그래프〉

[옴의 법칙]

Q 키르히호프 법칙에 대해서 설명하세요.

A 키르히호프 법칙은 제1법칙인 전류법칙(KCL ; KirchchOff's Current Law)과 제2법칙인 전압법칙(KVL ; KirchchOff's Voltage Law)으로 구분됩니다.

전류법칙(KCL)은 회로에서 어떤 접합점(노드)을 기준으로 들어오는 전류와 나가는 전류의 총합은 같다는 것입니다. 그러므로 들어오는 전류를 (+)부호, 나가는 전류를 (−)부호로 생각하면 두 전류의 총합은 0이 됩니다. A전류와 B전류가 합쳐져 다른 곳으로 사라지거나 갑자기 생기지 않고 온전히 C전류로 합쳐진다면 A + B = C가 된다는 뜻입니다. 전류법칙은 전하가 새로 생기거나 사라지지 않는 전하보존법칙을 기반으로 하고 있습니다.

$$I_1 + I_2 = I_3$$

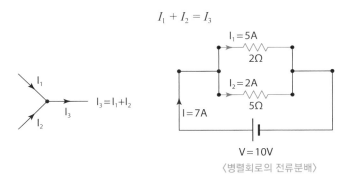

〈병렬회로의 전류분배〉

[전류법칙(KCL)]

전압법칙(KVL)은 폐회로(회로가 끊어지지 않고 연결되어 있는 회로, 즉, 닫힌회로) 내에서 저항에 의한 전압강하의 합은 그 회로의 기전력의 합과 같다는 것입니다. 폐회로에서 기전력(E)은 그 회로 안에서만 소모되므로 전압강하(IR)의 합과 같게 됩니다. 전압법칙은 에너지보존법칙을 기반으로 하고 있습니다.

$$\Sigma 기전력(E) = \Sigma 전압강하(IR)$$

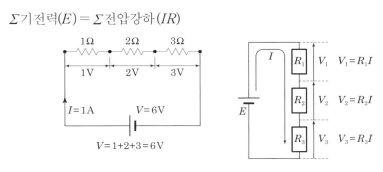

〈직렬회로의 전압분배〉

[전압법칙(KVL)]

2. 교류회로

Q 기본 수동소자와 그 종류에 대해서 설명하세요.

A 회로이론에서 기본이 되는 수동소자로는 저항(R), 인덕터(L), 커패시터(C)가 있습니다.

첫째, 저항(R)은 앞에서 설명한 것과 같이 전류의 흐름을 방해합니다. 그로 인해 회로의 전압과 전류를 제어하는 역할을 하며, 특징으로는 전류의 위상과 전압의 위상이 같습니다.

$$R = \frac{V}{I}[\Omega], \text{옴}$$

[저항 기호]

둘째, 인덕터(L)는 코일을 감아놓은 형태로 에너지를 자기장으로 변환하여 저장하는 소자입니다. 회로의 전류가 변화할 때 자속이 변화하게 되고 변화하는 자속으로 인해 전압(유기기전력 : $e = -N\frac{d\Phi}{dt}$, 패러데이–렌츠의 법칙)을 유도하게 됩니다. 이렇게 인덕터에 의해 발생한 전압으로 전류의 변화를 제어하는 방식입니다. 그로 인해 인덕터는 전자제품의 전원을 ON/Off할 때 급격히 변화하는 전류로부터 전자제품을 보호할 수 있게 되며, 특징으로는 전류의 위상이 전압의 위상보다 90° 뒤집니다(지상용).

$$L = \frac{N\Phi}{I}[\text{H}], \text{헨리}$$

[인덕터 기호]

셋째, 커패시터(C, 콘덴서)는 두 개의 평행한 판 사이에 유전체가 있는 형태로 에너지를 전기장으로 변환하여 저장하는 소자입니다. 그 원리는 평행한 판에 전하를 충전하고 방전하면서 전압을 조정합니다. 그래서 전압이 낮아지면 전하를 방전하여 전류를 흘리고 전압이 가해지면 전하를 충전하여 급격한 전압의 변화로부터 전자제품을 보호해 주며, 특징으로는 전류의 위상이 전압의 위상보다 90° 앞섭니다(진상용).

$$C = \frac{Q}{V}[\text{F}], \text{패럿}$$

[커패시터 기호]

DC 콘덴서와 AC 콘덴서

콘덴서는 직류(DC)와 교류(AC)에서 특성이 다르게 나타난다.

직류회로에서 콘덴서는 전류를 차단하고 전하를 충전하는 기능이 있다. 콘덴서에 전류를 가하면 아래 그래프와 같이 처음에만 전류가 흐르게 되고 콘덴서가 충전이 되면 직류전압과 전위가 같아져 전류가 흐르지 않게 된다는 특성이 있다.

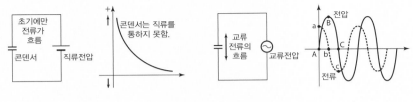

[직류(DC) 콘덴서의 특성]　　　　　[교류(AC) 콘덴서의 특성]

교류회로에서 콘덴서는 진상전류를 흘려주고 고주파, 저주파를 차단하는 기능이 있다. 교류의 경우 극성이 매시간 변화하기 때문에 콘덴서가 충전과 방전을 반복하게 되어 교류전류가 흐르게 되고 이때 전류는 위의 그래프와 같이 전압보다 90° 위상이 앞서는 진상전류가 흐르게 되며 역률개선에 사용된다. 또한 교류전압의 주파수에 따라 출력전압의 값을 조정할 수 있으므로 필터기능을 할 수 있다.

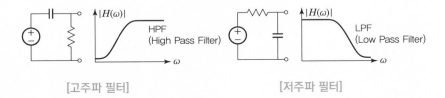

[고주파 필터]　　　　　[저주파 필터]

또, 콘덴서의 직류회로와 교류회로에서의 특성을 이용하여 직류와 교류가 포함된 신호에서 교류신호만 통과시켜 고주파 잡음을 제거하는 역할도 가능하다.

수동소자와 능동소자의 차이

수동소자는 저항, 인덕터, 커패시터와 같이 소자가 동작(Turn On)하기 위한 외부의 전원이 필요 없는 것을 말하며, 능동소자는 MOSFET 등 소자가 동작(Turn On)하기 위해서는 외부 전원이 필요한 것이라는 데 차이가 있다. 또한 수동소자는 에너지를 변형하지 못하고 그저 소비하고 저장, 전달만 하지만, 능동소자는 에너지를 변조하고 증폭할 수 있다는 차이도 있다.

Q 진상에 대해서 설명하세요.

A 진상은 앞서가는 상태를 말하는 것으로, 전압보다 전류의 위상이 빠른 상태를 말합니다. 용량성 부하(콘덴서)가 있는 회로에서는 전류의 위상이 전압보다 앞서는 상태인 진상회로가 됩니다.

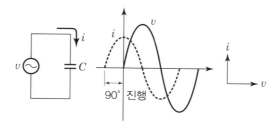

[진상회로 및 진상 특성]

보통 공장은 유도성 부하로 역률을 개선하기 위해 진상 콘덴서(전력용 콘덴서)를 설치합니다. 하지만 전기 사용이 거의 없는 야간에는 콘덴서의 진상전류(충전전류)가 흘러 수전단의 전압이 송전단의 전압보다 높아지는 페란티 현상이 발생할 수 있습니다. 그러므로 콘덴서의 역률 과보상이 되지 않도록 적정범위를 설정해야 하고, 야간에는 진상콘덴서 투입을 제어하는 대책이 필요합니다.

Q 지상에 대해서 설명하세요.

A 지상은 뒤에서 따라가는 상태를 말하는 것으로, 전압보다 전류의 위상이 늦은 상태를 말합니다. 유도성 부하(인덕터)가 있는 회로에서는 전류의 위상이 전압보다 늦은 상태인 지상회로가 됩니다. 이 경우 지상무효전력이 증가하여 역률이 감소하게 되므로 전력용 콘덴서를 병렬로 접속하여 진상무효전력을 공급하는 방식으로 역률을 개선할 수 있습니다.

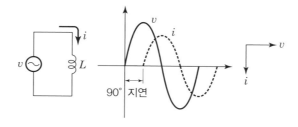

[지상회로 및 지상 특성]

Q 시정수에 대해서 설명하세요.

A 어떤 값이 시간에 따라 변화하여 정상치에 도달할 때 그 정상치의 63.2%에 해당하는 값에 도달할 때까지의 시간을 시정수라고 합니다. 다시 말해, A선수가 100m를 10초에 완주했을 때 A선수가 63.2m를 통과할 때의 시간을 시정수라고 하는 것입니다. 이때 초기상태(0m)에서 정상상태(100m)로 되는 과정은 지수함수($e^{-\frac{t}{\tau}}$) 곡선을 따르게 됩니다.

회로에서 시정수는 인덕터(L)와 커패시터(C)의 능력을 판단하는 데 사용됩니다. 시정수가 작으면 빠르게 정상치에 도달하는 것이므로 능력이 좋다고 볼 수 있습니다.

$$R - L : \tau - \frac{L}{R}[\text{s}]$$
$$R - C : \tau = R \cdot C[\text{s}]$$

Q 전기회로에서 공진현상에 대해서 설명하세요.

A 공진현상은 어떤 물체의 고유진동수와 같은 진동수가 가해질 때 에너지가 크게 증폭되는 것을 말합니다. 다시 말해, 모든 물체는 각각의 고유한 진동수로 진동하고 있는데 두 물체의 진동이 서로 일치하여 새로운 에너지가 형성됩니다.

공진의 대표적인 예가 라디오입니다. 라디오는 기지국에서 송신되는 주파수(파장)를 받아 소리로 출력해내는 장치로서 우리가 라디오의 주파수를 조작하여 특정 기지국에서 송신되는 주파수에 가까워지면 깨끗한 소리의 방송을 들을 수 있게 됩니다. 이때 라디오 주파수를 조작하는 것은 라디오 내부의 고유진동수와 기지국에서 송신되는 진동수(주파수)를 일치시키는 것으로서 이 공진현상에 의해 증폭된 파장은 라디오의 코일과 콘덴서로 전송되어 소리로 출력되는 것입니다.

전기회로에서 L(인덕터)와 C(커패시터)에 의해서 정해지는 고유주파수와 전원의 주파수가 일치할 때 발생하는 공진현상 또한 마찬가지입니다. 이를 응용한 것이 필터인데, 회로에서 일정한 주파수 영역의 신호만을 추출하고 싶을 때나 특정 주파수를 선택적으로 막고 싶을 때 사용합니다.

전기회로에서의 공진현상 비교

구분	직렬공진	병렬공전
공진주파수	$f = \dfrac{1}{2\pi\sqrt{LC}}$	$f = \dfrac{1}{2\pi\sqrt{LC}}$
공진 시 리액턴스	$X = 0$	$X = \infty$
공진 시 임피던스	최소	최대
공진 시 전류	최대	최소

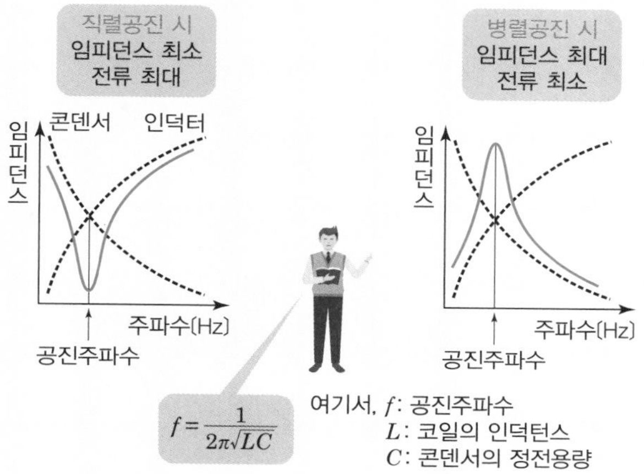

[콘덴서와 인덕터의 공진현상]

Q 실효값에 대해서 설명하세요.

A 저항에 가한 직류값과 동일한 에너지가 발생하는 교류값을 실효값이라고 하며, 한마디로 교류값을 직류값화 한 것이 실효값입니다.

$$V_{\mathrm{rms}} = \sqrt{\frac{1}{T}\int_0^T v^2 dt}$$

실효값이 필요한 이유

전기에서 직류는 일정한 값인데 비해 교류는 값이 계속 바뀌게 된다. 그러한 점에서 에너지를 측정하는 데 교류는 문제가 있을 수 있다. 교류에서 에너지가 하는 일을 측정하기 위해 실효값인 rms(Root Mean Square)값이 필요하며, 계측기에서 rms값을 측정하고 있다.

Q 평균값에 대해서 설명하세요.

A 어떤 파형의 한 주기 동안의 면적을 주기로 나누어 평균화한 값을 의미합니다. 정현파(사인파)의 경우 한 주기의 면적을 구하면 0이므로 반주기 동안의 평균값을 구하여 수치를 나타냅니다.

$$V_{av} = \frac{1}{T}\int_0^T |i(t)|\ dt = \frac{1}{\frac{T}{2}}\int_0^{\frac{T}{2}} |i(t)|\ dt$$

Q 파형률에 대해서 설명하세요.

A 파형률은 평균값에 대한 실효값의 비율로 나타낼 수 있습니다. 실효값은 교류를 직류화하였을 때의 에너지이고, 평균값은 직류값으로 생각할 수 있으므로 파형률은 직류대비 교류가 어떤 비율로 존재하는지 나타낸다고 할 수 있습니다. 한마디로 교류형태의 비율을 의미합니다.

$$파형률 = \frac{실효값}{평균값}$$

Q 파고율에 대해서 설명하세요.

A 파고율은 실효값에 대한 최대값의 비율로 나타낼 수 있습니다. 실효값이 교류의 직류화한 에너지이므로 그 값 대비 파형의 높이 비율을 나타낸다고 할 수 있습니다. 파형의 형태와 날카로움 정도를 나타내기 위한 것입니다.

$$파고율 = \frac{최대값}{실효값}$$

> **파형률과 파고율을 구하는 이유**
>
> ⚡ 더 알아 보기
>
> 파형률과 파고율은 계측과 연관이 있다. 계측을 위해서는 실효값을 측정해야 하는데 기본파(정현파)의 경우에는 실효값을 구하기가 비교적 쉽지만 고조파가 겹쳐서 나타나는 삼각파와 구형파의 경우 평균값은 구할 수 있으나 실효값을 구하는 것은 어렵다. 그래서 기본파(정현파)의 파형률과 파고율을 구형파, 삼각파에도 적용하여 실효값을 구하는 것이다. 당연히 오차가 발생하지만 간편한 방법으로 구할 수 있으므로 직류전압 계측기의 경우 이러한 방법으로 계측하고 있다.

Q 유효전력(Active Power)에 대해서 설명하세요.

A 부하(R, 저항)에서 실제로 소비되는 전력을 말합니다.

$$\text{유효전력} : \quad P = V \cdot I \cdot \cos\theta = I^2 \cdot R = \frac{V^2}{R} \, [\text{W(와트)}]$$

Q 무효전력(Reactive Power)에 대해서 설명하세요.

A 리액턴스(X)에서 소비되는 전력을 말하며, 부하에서 전력으로 이용되지 않는 전력입니다. 무효전력은 유도성 무효전력과 용량성 무효전력으로 구분할 수 있습니다.

유도성 무효전력(지상)은 인덕터(L)에서 소비되는 전력으로 전류의 위상이 전압의 위상보다 늦고, 용량성 무효전력(진상)은 콘덴서(C)에서 소비되는 전력으로 전류의 위상이 전압의 위상보다 빠릅니다. 그래서 무효전력을 줄이기 위해 유도성 무효전력에는 콘덴서를, 용량성 무효전력에는 인덕터를 사용하여 서로 상쇄시킬 수 있습니다.

$$\text{무효전력} : \quad P = V \cdot I \cdot \sin\theta = I^2 \cdot X = \frac{V^2}{X} \, [\text{VAR(볼트 암페어 리액티브)}]$$

무효전력의 필요성

위의 설명대로라면 유효전력은 필요한 전력, 무효전력은 필요 없는 전력으로 보인다. 하지만 무효전력도 기기의 안정성을 위해 필요하다. 기기에 전원이 차단 또는 공급될 때 급격한 전압과 전류의 변화가 발생하게 되고 기기가 망가질 수 있다. 하지만 앞에서 설명했듯이 무효전력으로 소비되어 인덕터(L)와 콘덴서(C)에 저장되었던 에너지를 사용하여 이러한 요인을 제거하고 전압과 전류가 급격히 변하는 것을 막아 주는 역할을 한다.

Q 피상전력(Apparent Power)에 대해서 설명하세요.

A 유효전력과 무효전력을 포함하는 전력을 말합니다. 영어를 해석하면 겉보기 전력인데 이는 사용되는 전압(V)와 전류(I)의 곱에 의해 회로 전체(Z, 임피던스)에 공급되는 전력을 의미하기 때문입니다.

$$\text{피상전력} : \quad P_a = V \cdot I = I^2 \cdot Z = \frac{V^2}{Z} \, [\text{VA(볼트 암페어)}]$$

Q 역률(Power Factor)에 대해서 설명하세요.

A 역률은 피상전력에 대한 유효전력의 비율로 전체 전력 중 유효하게 사용하는 전력의 비를 나타냅니다. 실제 일하는 전력이 얼마나 효율적으로 사용되는지를 나타내는 지표로 볼 수 있습니다.

예를 들면, 공사장에 10명의 인부가 있다고 가정해 봅시다. 그 중 2명이 일을 하지 않고 놀고 있고 실제로 일을 하는 인원은 8명이라고 한다면, 이 경우 작업인원은 10명(피상전력)으로 잡혀있지만 실제 일하는 인원은 8명(유효전력)이 됩니다. 여기서 역률은 $\dfrac{\text{실제 일하는 인원}}{\text{전체 작업인원}} = \dfrac{8}{10} = 0.8$ 이 됩니다. 여기서 일 하지 않고 놀고 있던 2명을 구조조정하게 된다면 역률은 100%가 될 것이고, 이것은 조상설비를 설치하여 역률을 개선하는 것에 빗대어 생각할 수 있습니다.

역률은 전압과 전류의 위상차에 의해 발생합니다. 한전에서는 전압과 전류의 위상차가 거의 없는 형태로 전력을 공급하지만 가정에서 소비되는 과정(세탁기, 청소기 등 모터 코일 성분)에서 전압과 전류의 위상차가 발생하게 됩니다. 그로 인해 피상전력과 유효전력의 위상차가 생기게 되며 그것을 나타낸 것이 역률입니다.

$$\text{역률} : \frac{\text{유효전력}}{\text{피상전력}} = \frac{p}{p_a} = \cos\theta$$

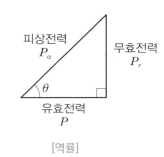

[역률]

역률 개선 방법

가정에서 소비되는 과정에서 주로 인덕턴스(L)에 의해 유도성 무효전력(지상)이 증가하게 된다. 그로 인해 피상전력과 유효전력의 역률각(θ, 세타)이 증가하게 되고 역률이 감소하여 전체 전력 대비 실제 일하는 전력의 비는 줄어들게 된다. 하지만 오직 저항(R)만 있는 전열기구(ex. 백열전구)를 제외하고는 역률이 1이 되지 않는다. 그래서 역률을 1로 만들기 위해 역률각(θ, 세타)을 줄여야 하고, 다시 말해 지상용 무효전력을 줄이기 위해 진상용 콘덴서를 사용하여 진상용 무효전력으로 보상해 주어야 한다.

⚡ 더 알아 보기

> **한전에서 역률을 높이면 요금혜택을 주는 이유**
>
> 한전에서 역률을 높이면 요금 할인을 해 주는 것을 본 적이 있을 것이다. 보통 역률 0.9(90%)를 기준으로 초과하면 할인을, 미달하면 할증을 하고 있다. 이러한 제도가 있는 이유는 한전의 전기요금이 유효전력에 의해 산정되기 때문이다.
>
> 예를 들어, 역률이 0.9인 A공장과 역률이 0.7인 B공장이 있다고 하자. 한전에서는 100kVA의 피상전력을 똑같이 공급해 주지만 A공장은 역률이 0.9이므로 90kW, B공장은 역률이 0.7이므로 70kW에 대한 요금을 지불하게 된다. 이 경우 같은 전기를 받았지만 A공장과 B공장은 다른 요금을 지불하게 되는데 한전에서는 역률이 나쁜 B공장에서 할증을 받고, 역률이 좋은 A공장에 할인을 해 준다.
>
> 왜냐하면 역률이 나쁘면 같은 전력을 사용한다고 가정할 경우 그만큼 전류 소비량이 많아지므로 이에 따른 전기설비 보강(굵은 규격의 전선으로 교체 등)이 필요하게 되어 막대한 비용이 발생하게 되기 때문이다. 이러한 이유로 인해 한전에서는 높은 역률에 대해 요금혜택을 주고 있다.

Q 테브난의 정리에 대해서 설명하세요.

A 어떠한 회로도 1개의 전압원(테브난 전압)과 1개의 저항(테브난 등가저항)으로 나타내어 회로를 해석하는 방법입니다. 전압원과 저항은 '직렬연결'된 상태로 테브난 등가회로가 구성됩니다.

테브난의 정리는 회로를 간단히 해석하기 위해 복잡한 회로를 하나의 저항으로 바꾸는 것입니다. 그래서 회로에 인가되는 전압과 전류의 크기를 쉽게 알아내는 데 목적이 있습니다.

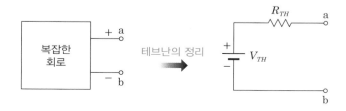

[테브난 등가회로]

Q 노튼의 정리에 대해서 설명하세요.

A 어떠한 회로도 1개의 전류원(노튼 전류)과 1개의 저항(노튼 등가저항)으로 나타내어 회로를 해석하는 방법입니다. 전류원과 저항은 '병렬연결'된 상태로 노튼 등가회로가 구성됩니다.

[노튼 등가회로]

> **테브난의 정리와 노튼의 정리 비교**
>
> 테브난의 정리와 노튼의 정리는 회로를 간단히 하여 회로의 해석을 쉽게 하는 데 공통적인 목적이 있다. 그러나 두 정리는 회로의 형태, 구하는 방법에서 차이가 있다.
>
> 먼저 테브난의 정리는 회로의 전압원과 저항이 직렬로 연결되어 있고, 노튼의 정리는 전류원과 저항이 병렬로 연결되어 있다. 또한 합성저항을 구할 때 테브난의 정리는 전압원을 단락시킨 후 개방단자에서 본 임피던스를 구하며, 노튼의 정리는 전류원을 개방시킨 후 임피던스를 구한다. 테브난의 정리와 노튼의 정리는 쌍대관계에 있다고 말할 수 있다.

Q 푸리에 급수에 대해서 설명하세요.

A 비정현파 파형을 여러 개의 정현파로 나타내어 해석하는 방법입니다. 파형에는 sin, cos과 같은 정현파 외에 구형파와 같은 다양한 비정현파가 존재합니다. 이러한 비정현파를 해석하기 위해 정현파를 여러 개 겹쳐서 비정현파와 같은 파형을 만들어 해석하는 것이 푸리에 급수의 원리입니다.

$$\text{푸리에 급수}: f(t) = a_0 + a_1 \cos \omega t + a_2 \cos 2\omega t + \cdots + a_n \cos n\omega t$$
$$+ b_1 \sin \omega t + b_2 \sin 2\omega t + \cdots + b_n \sin n\omega t$$
$$= a_0 + \sum_{n=1}^{\infty} a_n \cos n\omega t + \sum_{n=1}^{\infty} b_n \sin n\omega t$$

Q 라플라스 변환에 대해서 설명하세요.

A 시간(t)의 영역을 복소수(s)의 영역으로 변환하는 것으로 그 해를 구하기 위해 사용합니다. 회로에서 R, L, C 소자가 포함된 미분방정식의 경우 그 회로의 응답을 찾기가 어렵습니다. 이 경우 라플라스 변환으로 시간영역을 복소수의 영역으로 변환하면 해를 쉽게 구할 수 있습니다.

$$\text{라플라스 변환}: F(s) = \pounds\,[f(t)] = \int_0^{\infty} f(t)\,e^{-st}dt$$

SECTION 2 **제어공학**

Q PID 제어에 대해서 설명하세요.

A P(비례, Proportional), I(적분, Integral), D(미분, Differential)이 합쳐진 것으로 PID 3가지의 제어를 통해 원하는 출력값을 얻는 것입니다. 원리는 원하는 출력값이 나오도록 계속해서 피드백을 하여 입력값을 제어하는 것입니다.

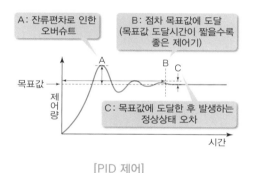

[PID 제어]

PID 제어의 예로 보일러를 들 수 있습니다. 물을 70도로 가열하도록 설정을 하면 D(미분) 제어에 의해 목표값까지 온도가 계속해서 상승할 것입니다. 온도가 70도에 도달할 때 히터가 ON/Off를 반복하며 70도 근처를 왔다갔다 할 것이며, 이때 P(비례) 제어를 통해 70도에 빠르게 도달하도록 합니다. 목표값에 도달해서도 지속적인 오차가 발생(진동)하게 되고 이러한 오차를 제거하여 70도로 안정화시키기 위해 I(적분) 제어가 사용됩니다.

❖ P : 비례상수를 곱하여 목표값 도달시간을 줄인다. 하지만 잔류편차가 발생한다.
 I : 정상상태에 도달한 후에 발생하는 오차를 제거한다.
 D : 비율제어를 통해 목표값에 빠르게 도달하도록 한다.

> **⚡ 더 알아 보기**
>
> **왜 산업계에서는 PI 제어를 많이 사용할까?**
> 산업계에서는 PI 제어를 많이 사용하는데 그 이유는 D(미분) 제어는 노이즈에 민감하게 반응하기 때문이다. D(미분) 제어의 경우 기울기 값을 연산에 적용시켜 제어를 하기 때문에 노이즈 발생이 심한 산업계의 전력변환장치에 사용하기에는 불안정하기 때문이다. 또한 PI 제어만으로도 충분히 목표값에 도달할 수 있으며, D(미분) 제어까지 추가된다면 변수가 너무 많고 복잡하기 때문에 많이 사용하지 않는다.

Q 안정도의 판별에 대해서 설명하세요.

A 어떤 시스템의 안정 여부를 판별하는 것으로 절대안정도와 상대안정도로 구분할 수 있습니다.

먼저, 절대안정도는 어떤 시스템의 안정 여부를 "안정, 임계, 불안정" 3가지로만 구분하여 나타내는 것입니다. 절대안정도를 판별하는 방법에는 특성방정식의 근의 위치에 따른 안정도 판별법, Routh-Hurwitz 안정도 판별법이 있습니다.

근의 위치에 따른 안정도 판별법은 S평면에서 근(극점)이 좌반면에 위치하면 '안정', 우반면에 존대하면 '불안정', 허수축에 존재하면 '임계'로 판별하는 방식이며, Routh-Hurwitz 안정도 판별법은 특성방정식의 계수를 이용하여 안정도를 판별하는 것으로 모든 차수가 존재하고 모든 계수의 부호가 같으면 '안정', 그 외에는 '불안정'으로 판별하는 것입니다.

다음으로, 상대안정도는 어떤 시스템의 안정 여부의 정도를 나타내는 것입니다. 절대안정도와 마찬가지로 "안정, 임계, 불안정"을 판별할 수 있으며, 추가적으로 3가지 안정성의 정도를 파악할 수 있는 판별법입니다. 상대안정도를 판별하는 방법에는 나이퀴스트선도, 보드선도를 이용할 수 있습니다.

나이퀴스트선도는 복소평면에 근의 위치로 안정도를 판별하는 것으로 시스템의 주파수 영역에서 안정도를 개선할 수 있는 방법을 제시해줍니다. 벡터궤적이 (-1, j0)인 점의 안쪽(오른쪽)으로 돌아서 수렴하면 '안정', 바깥쪽(왼쪽)으로 돌아서 수렴하면 '불안정', (-1, j0)인 점을 지나서 수렴하면 '임계'입니다. 보드선도는 주파수 응답의 이득과 위상을 한 눈금표에 나타낸 것으로 그래프에 따라 안정도를 판별할 수 있는데, 이득교차점에서 위상이 -180°보다 크거나 위상곡선 -180°에서 이득이 음수이면 '안정'으로 판별하는 것입니다.

안정도 판별을 하는 이유

우선, 제어란 어떤 시스템에서 원하는 출력이 되도록 하기 위해 입력을 조절하는 것을 말한다. 하지만 다양한 외부의 요소(잡음, 외란 등)로 인해 한 번에 원하는 출력값을 얻을 수 없으며, 한 번에 얻는다 하여도 외부 요인에 의해 자꾸 변화될 가능성이 크다. 그렇기 때문에 원하는 출력을 얻기 위한 정도를 파악하기 위해 안정도 판별을 한다. 해당 시스템이 원하는 출력을 얻는데 문제가 없는지, 문제가 있다면 얼마나 조정해야 하는지 알기 위해서 안정도 판별을 하는 것이다.

예를 들어, 우리가 어두운 곳에서 사진을 찍을 때 스마트폰은 스스로 조리개를 열어 밝은 사진을 찍도록 도와준다. 여기서 외부의 요소(문제점)인 어두운 곳을 파악하여 조리개를 열고 원하는 출력인 밝은 사진을 얻는 방식과 같다.

MeMo

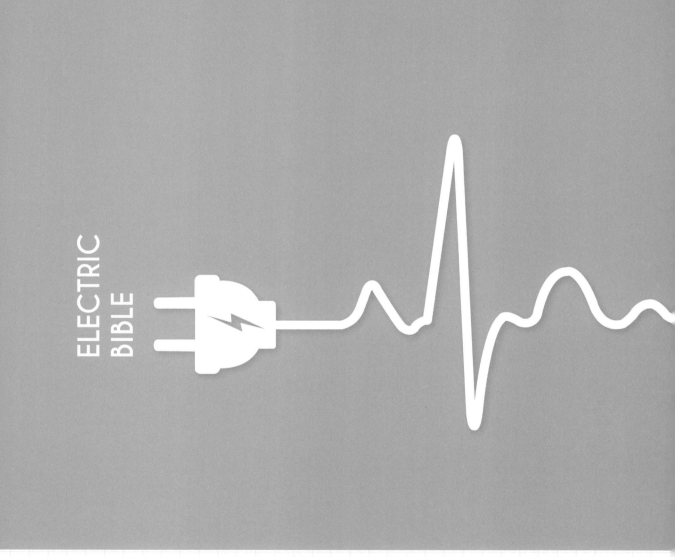

ELECTRIC
BIBLE

알아두면 쓸모 있는
전기 상식 외

CHAPTER

01

전기 상식

⚡ 주요 Key Word

#전기 상식   #전기 필수 개념

#면접 대비

Q 전력계통의 의미와 특징에 대해서 설명하세요.

A 전력계통이란 전력을 생산하는 발전설비와 송전선로, 변전소, 배전선로 등의 송배전설비, 그리고 수송 배분된 전력을 일반 가정이나 공장에서 소비하기 위한 수전설비 등으로 구성된 시스템을 총 칭하는 것입니다. 아직까지는 전력을 저장할 수 있는 기술의 한계가 있어 생산과 동시에 소비가 이루어져야 하는 특성이 있습니다. 따라서 전력의 흐름이 한시라도 끊어지지 않도록 전력설비를 유기적으로 결합하여 관리, 운용하기 위한 보호장치, 감시장치, 급전설비, 통신설비 등의 운용설비를 갖추고 있는 것이 특징입니다.

Q 고장전류의 증가 원인 및 대책에 대해서 설명하세요.

A 전력계통에서 전력수요가 지속적으로 증가하면서 이에 따라 전원설비 및 송변전설비 신증설이 이뤄졌는데 이로 인해 전력계통의 등가 임피던스가 점점 작아지게 되어 고장전류가 지속적으로 증가해왔습니다. 특히 우리나라의 경우 외국에 비해 송전선로가 상대적으로 짧고 계통 변전소 간 연결하는 연계 송전선로가 망상형태로 구성되어 수요가 밀집되어 있는 서울, 부산 지역의 전력계

통 고장전류가 계속 증가되고 있는 추세입니다. 따라서 송전계통의 고장전류가 기존 차단기의 차단내력을 상회하는 변전소가 많아져서 고장 발생 시 안정된 고장전류 차단이 보장되지 않게 됩니다.

고장전류가 차단기의 차단내력보다 클 때는 고장전류보다 차단내력이 큰 차단기로 교체하거나 고장전류가 기존 차단기의 차단내력 이하가 되도록 고장전류를 제한하는 방안이 필요합니다. 이에 따라 고장전류 감소를 위해 단기적으로는 리액터 및 차단용량이 큰 차단기 설치계획을 수립하여 설치 중에 있으며, 중장기적으로는 경제성·기술성을 고려한 다양한 대안을 검토하여 근본적인 대책을 마련하고 있습니다. 차단기의 차단내력을 증대시키는 것은 경제적·기술적 한계(차단기 교체 비용이 많이 들고, 교체기간 동안 해당 전력설비 가동이 불가가 있기 때문에 일반적으로 다음과 같은 고장전류 억제대책을 이용하고 있습니다.

① **고임피던스 전력설비 채용** : 전력계통의 등가임피던스를 증가시켜 고장전류를 감소시킵니다.

② **직렬 한류리액터 설치** : 송전선로 중간 또는 모선 간에 직렬 한류리액터를 설치합니다. 한류리액터는 전력계통의 고장전류를 제한하기 위해 사용되는 직렬리액터로서, 전력계통의 주어진 지점에서 고장전류는 해당지점의 등가임피던스에 의해 결정되므로 리액터를 전력계통에 직렬로 삽입하여 계통 임피던스를 증가시킴으로써 고장전류가 감소되게 하는 것입니다.

③ **연계선로 분리 및 모선 분리** : 별도의 비용 없이 주어진 전력계통에서 비교적 간편하게 적용할 수 있는 고장전류 억제방안입니다. 765(kV)와 345(kV) 송전선로를 전력계통의 주간선으로 하고 그 아래 전압 단계인 154(kV) 연계송전선로를 고장전류 억제방안으로 분리하여 사용하게 되면 안정도 또는 신뢰도를 크게 손상시키지 않고도 고장전류 억제효과를 기대할 수 있습니다.

④ **초전도 한류기 사용** : 초전도 한류기는 초전도체의 특정 온도 및 특정 전류 이하에서의 저항 제로특성을 이용합니다. 초전도체는 초전도 상태에서는 저항이 제로지만, 고장전류와 같이 허용값 이상의 전류가 흐르게 되면 초전도성을 잃어버리게 되는데 초전도 한류기는 이때 발생한 저항을 이용하여 전류를 제한하도록 만드는 것입니다.

Q SMP에 대해서 설명하세요.

A SMP(System Marginal Price)는 계통한계가격을 의미하며, 쉽게 말해서 전력시장에서의 마지막 전력가격을 표현하는 용어입니다. 한국전력이 발전사로부터 전기를 구매하는 가격을 SMP라 부르며, 전기 수요와 공급에 따라 결정이 됩니다. 전력거래소는 매일 전력 수요를 예측하여 어떤 발전기

(원자력, 석탄, LNG 등)를 가동할지와 발전량을 정하게 되는데 발전계획에 포함된 발전기 중에서 가장 높은 발전기의 발전비용이 SMP가 되는 것입니다. 그래서 발전기를 발전단가 순(원자력 → 석탄 → LNG)으로 가동시킬 때, 시간별 전력수요량이 주로 LNG 발전기까지 가동되는 수준이므로 LNG 연료단가가 SMP 변동요인에 핵심 요인이 됩니다.

SMP 가격

구분	[kWh]당 가격	공급 가능량
원자력	10원	100MW
석탄	20원	200MW
LNG	30원	200MW

위의 표([SMP 가격])를 통해 예를 들어보면, 전기수요가 300MW일 경우 전기 가격은 kWh당 20원에 결정이 될 것입니다. 가격이 저렴한 원자력부터 시작해 석탄을 통한 발전이 마지막으로 공급되기 때문에 kWh당 20원이 SMP가 되는 것입니다. LNG는 수요에 맞는 공급을 마쳤기 때문에 발전을 할 필요가 없는 것입니다.

하지만 최근 정부가 탈원전 정책을 추진하며 과거 85%까지 갔던 원전이용률과 반대로 원전 발전 비중을 낮추고 있는 실정이며, 탄소배출량 및 미세먼지 감소 등과 관련해 석탄 발전 또한 줄이고 있고, 반면에 액화천연가스(LNG) 발전의 비중은 높아지게 되면서 SMP가 상승하고 있습니다.

Q CP에 대해서 설명하세요.

A CP(Capacity Payment, 즉 용량요금이란 발전설비의 신규투자를 유도하기 위해 가동이 가능한 발전설비에 대해 실제 발전 여부와 관계없이 미리 정해진 수준으로 지불하는 요금을 말합니다. 가동여부에 따라 비용을 산정하면 비가동 시 손실이 발생해 발전소 건설에 들어간 수조원의 투자비용을 회수하기 어렵기 때문에 CP를 통해 고정비용을 보상받게 되는 것입니다.

용량요금을 받는 발전소는 상대적으로 투자 안정성이 높은 자산으로 꼽힙니다. 발전사는 용량요금을 설비 유지 등에 사용할 수 있습니다. 평소에 전력을 판매해 얻는 에너지요금 수입이 없더라도 용량요금이 있다면 일정 기간 발전소를 운영할 여력이 생기게 됩니다. 용량요금은 전력시장이 좋지 않은 시기에도 발전소를 견디게 해주는 안전판 역할을 해주기 때문입니다. 하지만 전력

예비율이 높아지고 SMP의 하락 등의 사유로 민간발전업계의 경영난이 심화되면 CP 인상에 대한 요구가 높아지게 됩니다.

Q ESS에 대해서 설명하세요.

A ESS(Energy Storage System)는 에너지저장장치로서, 생산된 전기를 저장장치에 저장했다가 필요할 때 공급하는 장치를 말합니다. 한마디로 말해서 우리 주변의 배터리라 생각하면 됩니다. 세계와 정부가 신재생에너지 정책을 주도하면서 태양광이나 풍력과 같은 재생에너지의 효율성을 높이는 ESS가 주목받고 있습니다. 태양광과 풍력 등 신재생에너지는 외부 환경에 의한 불안정한 전력공급이 단점이기 때문에 전기에너지를 미리 저장했다가 필요할 때 쓸 수 있도록 하는 ESS와 연계한다면 단점을 극복할 수 있습니다.

> **더 알아 보기**
>
> **ESS(배터리)의 전기 저장 방식**
>
> 전기에너지를 저장할 때는 직류로 저장을 하고, 사용할 때는 교류로 방출해야 한다. 발전소에서 생산된 전기가 우리집에 올 때까지 교류로 전송되는 것은 다들 알고 있을 것이다. 즉, 저장할 때만 직류로 저장된다고 생각하면 된다. 그렇기 때문에 ESS(배터리)에는 직류 ↔ 교류가 가능하도록 하는 전력변환장치(PCS : Power Conditioning System)가 포함되어 있다. 전력변환장치(PCS)는 전기의 전압과 주파수를 변환해주는 장치다. 예를 들어, DC를 AC로 변환하는 인버터 역시 전력변환장치의 한 종류이다 .
> 배터리는 기본적으로 두 개의 전극판으로 구성되어 있다. 직류는 전극판에 전류로 흐를 수 없어 양극판에 쌓이게 되어 충전(저장)이 이뤄지는 것이고, 교류는 (+)와 (−)의 극성이 수시로 변하므로 충전과 방전이 교대로 이뤄지기 때문에 계속 충전(저장)이 되지 않는다. 그렇기 때문에 배터리에 충전을 하기 위해서는 전력변환장치를 이용하여 직류로 변환시켜야 한다.

Q FR-ESS에 대해서 설명하세요.

A FR-ESS(Frequency Regulation ESS, 주파수 조정용 ESS)는 우리나라에서 사용하는 전력의 표준주파수 60Hz를 일정하게 유지하기 위해 전력수요의 변동에 따라 발전량의 출력을 조절하는 방식에 사용됩니다.

기존의 방식에서는 전력의 안정적인 공급을 위해서 한국전력과 발전사들은 수시로 변하는 전력수요에 대응해 현재 발전기 최대출력의 약 5% 정도를 주파수 조정용으로 활용하고 있었습니다.

하지만 ESS를 주파수 조정 용도로 활용함에 따라 전력계통의 안정성과 응답속도를 높일 수 있고, 주파수 조정용으로 활용되었던 발전기의 최대출력을 ESS로 대체함으로써 비용절감에도 기여할 수 있게 된 것입니다. 즉, FR-ESS를 통해 전기품질은 높이고 발전비용은 낮출 수 있게 되었습니다. 다음 그림([FR-ESS 충전 및 방전])을 참고하여 설명하면 주파수 상승 시에는 전력계통의 전력을 ESS에 저장(충전)하고, 주파수가 낮아질 때에는 ESS에서 방전하여 계통의 주파수를 일정하게 유지하도록 조정하게 됩니다.

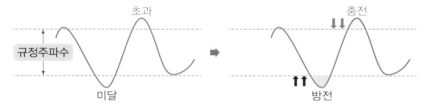

[FR-ESS 충전 및 방전]

Q 누진제에 대해서 설명하세요.

A 전기요금 누진제는 주택용 전력소비 억제와 저소득층 보호 차원에서 1974년 도입되었으며, 누진제도는 사용량이 증가함에 따라 순차적으로 높은 단가가 적용되는 요금으로, 현재 200kWh단위로 3단계, 최저와 최고 간의 누진율은 3배로 운영되고 있습니다. 즉, 전기요금 누진제는 전기를 많이 쓸수록 할증이 된다는 말이며, 현재 누진제는 주택용 전기에만 적용되고 있습니다.

예를 들어, 월 300kWh를 사용한 가정은 처음 200kWh에 대해서는 kWh당 93.3원이 적용되고, 나머지 10kWh에 대해서는 187.9원이 각각 적용되어 총 37,450원의 전력량 요금이 부과되게 됩니다. 과거부터 누진제 폐지에 대한 여론이 확산되었지만, 2019년 한국전력은 주택용 누진제를 폐지하는 대신 전력 사용량이 많은 7~8월 여름 시즌에만 한시적으로 누진 구간을 확대 적용하는 방안을 도입하여 시행하고 있습니다.

⊞ 주택용 전력(저압) 전기요금표

기본요금(원/호)		전력량 요금(원/kWh)	
200kWh 이하 사용	910	처음 200kWh 까지	93.3
201~400kWh 사용	1,600	다음 200kWh 까지	187.9
400kWh 초과 사용	7,300	400kWh 초과	280.6

Q 유효전력 – 주파수 관계 및 무효전력 – 전압 관계에 대해서 설명하세요.

A 유효전력의 소비가 늘면 발전기의 전기적 토크 증가, 터빈의 기계적 토크 일정으로 발전기가 감속하게 되고 이에 따라 주파수가 감소하게 됩니다. 그래서 발전소의 출력을 증가시켜 전력계통을 안정적으로 운영해야 합니다.

그리고 무효전력의 소비가 늘게 되면 송전과정에서 전압이 지나치게 낮아져 정전이 발생할 수 있기 때문에 전력계통의 안정과 효율적인 운영을 위해 조상설비 가동을 지시하여 무효전력량을 조절하여야 합니다.

Q 중성선과 접지선에 대해서 설명하세요.

A 중성선은 N상이라고도 불리며 중성점에 접속되는 전선으로서, 중성선을 통해 상전압의 사용이 가능하여 부하에 전류를 공급하게 됩니다.

접지선은 대지(땅)의 접지극과 연결된 선으로서 부하에 전류를 공급하지 않고 대지와 등전위를 목적으로 부설하게 됩니다. 정상적인 전기회로 이외의 누설전류 등을 대지로 귀로시켜 인간과 가축의 감전을 방지하여 안전하게 보호하기 위함이 가장 큰 목적입니다.

더 알아 보기

중성선과 접지선은 같은 선으로 사용하는 것이 아닌가요?
정상상태에서는 전류가 흐르지 않는 접지선과 달리 중성선은 전기회로의 일부로 전기회로를 구성하고 있으며 상시 전류가 흐르는 상태를 유지하고 있다. 현장에서 중성선과 접지선을 구별하지 않고 사용하는 경우가 있는데, 평상시 정상상태에서는 기능상에 문제가 없을 수도 있지만, 지락 등 이상상태에서는 여러 가지 문제를 유발할 수 있으므로 중성선과 접지선은 구분하여 사용하는 것이 바람직하다.

Q 사용 전 점검에 대해서 설명하세요.

A 사용 전 점검은 전기 신청을 한 고객에게 전기를 공급하기 전 전기설비에 대한 점검 및 구비 서류의 적합성을 검토하는 것을 말합니다. 점검기관으로는 한국전력과 전기안전공사가 있습니다.

사용 전 점검의 내용으로는 배전반(분전함)의 단선 결선도(설비 도면)와 현장 일치 여부부터 시작해서 차단기의 규격 적합 여부 및 시설상태, 접지 시공상태, 절연저항 적합 여부 등이 있습니다.

간단히 정리하자면 사용 전 점검은 한국전력이 전기를 공급하기 전에 전기공사업체들이 고객의 내선 설비들을 규정에 맞게 적합하게 시공하고 부설했는지를 한국전력 및 전기안전공사가 점검을 시행하는 것을 말합니다.

Q 직접활선과 간접활선에 대해서 설명하세요.

A 직접활선 공법은 배전공사 시 공사 작업자가 고무 절연장갑을 끼고 직접 활선(전류가 흐르고 있는 전선)을 다루는 공법을 말합니다. 1960년대에는 대부분 휴전작업을 시행해 왔으나, 산업의 고도화에 따른 전력사용량의 급증과 고품질 전력공급의 사회적 요구에 따라 1992년부터 배전선로 충전부에 직접 접촉하여 작업하는 직접활선 공법으로 전환하여 정전작업을 최소화하였습니다. 이에 따라 호당 정전시간을 1981년 약 660분에서 2017년에는 8분대로 획기적으로 최소화할 수 있었습니다. 하지만 작업자들의 감전, 화상 사고 등이 끊이지 않아 2016년에 한국전력은 2021년까지 '직접활선의 단계적 폐지' 계획을 밝히고 점진적으로 이를 추진해왔으며, 2022년부로 직접활선 공법은 전면중단되었습니다.

[직접활선 작업 (출처 – 안전보건공단 특별안전보건 교육 영상자료)]

간접활선 공법은 작업자가 활선에 접촉하지 않고 2~3〔m〕떨어진 거리에서 공구(절연스틱)를 이용하여 작업하고, 절연스틱을 이용하여 바이패스케이블(작업 중인 구간에 전기가 흐르지 않도록 우회하여 전선을 설치하는 작업)을 시공하는 등, 작업자 안전을 고려한 공법을 말합니다. 간접 활선 공법으로의 전환은 새로운 장비에 대한 작업자들의 불편과 피로도를 가중시키고, 그로 인 해 작업시간은 다소 늘어나는 경향을 보이고 있으나 감전사고 예방에는 크게 기여하고 있습니다.

[간접활선 작업 (출처 – YOUTUBE 배전운영처 간접활선 공법 영상자료)]

Q 참새가 전선에 앉아도 감전되지 않는 이유에 대해서 설명하세요.

A 길을 걷다보면 참새가 전기줄 위에 앉아있는 모습을 종종 보는데요, 참새가 감전되지 않는 이유 는 전류가 전위차에 의해 흐르기 때문입니다. 참새가 두 발로 전선에 앉아있게 되면 두 발의 전위 차는 0이 되며 그렇기 때문에 참새의 몸에는 전류가 흐르지 않게 되므로 감전이 일어나지 않는 것 입니다. 또한 전류의 흐름은 저항이 적은 쪽으로 향하게 되는데, 전선보다 참새가 저항이 더 높기 때문에 전류의 입장에서는 참새보다는 전선으로 흐르게 되는 것입니다.

그러나 사람이 전선을 잡으면 감전이 일어납니다. 공중에서 사람이 전선을 잡는다면 참새처럼 감전이 일어나지 않겠지만, 사람의 발이 땅에 닿거나 전주(전봇대)에 닿게 된다면 전선을 잡은 손 과 대지(땅)와 닿은 발 또는 몸체와의 전위차에 의해 감전사고가 발생하게 됩니다.

[전선 위 참새]

Q 고조파에 대해서 설명하세요.

A 고조파는 기본파에 대해 정수배의 주파수를 말합니다. 즉, n고조파라는 것은 기본파의 n배 주파수를 말합니다. 참고로 이름이 비슷한 고주파는 상용 주파수보다 높은 주파수를 의미합니다.

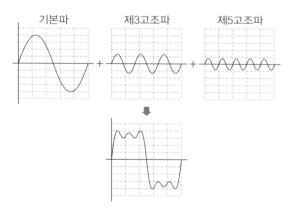

※ 기본파와 정수배의 주파수(고조파)의 합성으로 왜형파가 형성됨을 나타낸다.

[고조파]

근래에 들어서 사용이 급격히 늘어난 전력전자소자(UPS, 인버터 등)와 변압기나 회전기와 같은 기존 전력기기에 의해 고조파 문제가 대두되고 있습니다. 고조파 전류가 흐르게 되면 전압의 왜형이 발생하여 전력설비에 악영향을 미치게 됩니다. 가령 각종 계전기의 오동작과 정밀전자기기의 오동작, 과열과 기기 손상 등이 발생할 수 있습니다. 또한 전력손실을 유발하고 역률을 저하시키는 등 전력품질의 심각한 문제를 유발하게 됩니다.

고조파 억제대책으로는 고조파 필터를 사용하는 것, 전력변환장치의 펄스수를 크게 하는 것, 변압기 델타결선을 이용, 고조파 발생기기와 충분한 이격거리를 확보하고 차폐 케이블을 사용하는 방법 등이 있습니다.

더 알아보기

제3고조파의 특징

국내 기본 주파수는 60Hz이므로 2배수인 제2고조파는 120Hz이며, 제3고조파는 180Hz이다. 이때, 3상 전력계통에서 짝수 고조파(제2차, 제4차, 제6차 등)는 상쇄되고 홀수 고조파만 계통에 영향을 주며 각 위상의 불평형 속에 정상, 역상, 영상분으로 나눌 수 있다. 3상 4선식 선로에서 순수 대칭 60Hz 전류를 갖게 되면 중성선(N상)에 흐르는 전류는 0의 값을 갖게 된다. 그러나 3상 4선식 Y결선에는 비선형 부하에서 발생하는 영상 고조파(3, 9, 15) 전류(=영상전류)가 △결선 내를 순환하지 않으므로 최대 3배의 전류가 흐를 수 있게 된다.

Q 초전도 기술이 무엇이며, 현재 우리나라의 기술력은 어느 수준인지 설명하세요.

A 초전도 기술은 전기저항이 '0'이 되는 것을 말하며, 전력손실이 거의 없고 작은 규모로 대용량의 전력수송을 가능하게 하는 기술을 말합니다. 초전도 기술을 활용한 것이 초전도 케이블로서 꿈의 송전망이라 불리는 차세대 전력송전 기술 중 하나입니다. 기존 케이블의 구리도체 대신 고온 초전도도체를 사용해 저손실, 대용량 전력수송(기존 구리 케이블의 약 5배 정도)이 가능한 전력 케이블이므로 대도시의 전력 공급문제를 해결할 수 있는 녹색에너지 전략에 적합하다는 평을 받고 있습니다. 기존 전력 케이블에 비해 초전도 케이블은 765kV나 345kV의 초고압이 아닌 154kV 또는 22.9kV의 전압범위로도 대용량 송전이 가능하기 때문에 기존 변전소의 고전압 송전을 위한 전력설비를 추가로 설치할 필요가 없습니다. 그리고 초전도 케이블은 송전 손실이 극히 적으며 구리 케이블의 20%수준의 크기로 같은 용량의 송전이 가능하다는 장점이 있습니다. 이러한 특성들로 인해 선로 증설이 어려운 대도시나 과부하로 교체가 필요한 선로에 초전도 케이블이 적합한 기술이 될 것으로 보고 있습니다.

현재 우리나리는 2019년 11월 신갈-흥덕 변전소 간 약 1Km 구간에 LS전선이 시공하고 한국전력의 시험운전을 거쳐 초전도 전력 케이블을 활용한 송전기술을 상용화하였으며, 세계 최초로 초전도 송전망을 상용 구축하는 데 성공하였습니다.

Q 어댑터는 무엇이며, 변환과정에 대해서 설명하세요.

A 어댑터는 정류과정을 통해 콘센트의 교류전력을 직류전력으로 바꿔주는 장치입니다. 우리가 가정에서 사용하는 전력은 AC 220V, 60Hz로 1초에 60번 (+)와 (−)가 바뀌고 있습니다. 이러한 AC 전력이 가전제품에 공급되면 비효율적이고 가전제품의 안정성이 낮아지므로 교류(AC)를 직류(DC)로 바꿔주는 장치가 필요합니다. 그래서 대부분의 가전제품은 제품 내·외부의 어댑터를 이용하여 제품에 맞는 DC 전력으로 변환하여 사용하고 있습니다.

어댑터의 정류과정에 대해서 알아보면, 우선 가전제품에 필요한 전압으로 변압기에서 변압을 합니다. 이후 전류를 한 방향으로만 흐르게 하는 다이오드를 이용한 브리지 정류회로를 거치면 (+), (−)로 바뀌던 교류가 다음 그림([어댑터의 직류변환 과정])과 같이 (+)로만 나타나는 맥류로 나타나게 됩니다. 브리지 정류회로를 거치고 평활회로에서 맥류를 직류화 합니다. 여기에는 커패시터의 충전과 방전 특성을 이용하여 충전과 방전을 빠르게 반복하여 맥류보다 평활하게 하는 것입니다. 이후 약간의 맥류를 정전압회로(제너다이오드 또는 레귤레이터 이용)를 이용하여 직류로 변환하게 됩니다.

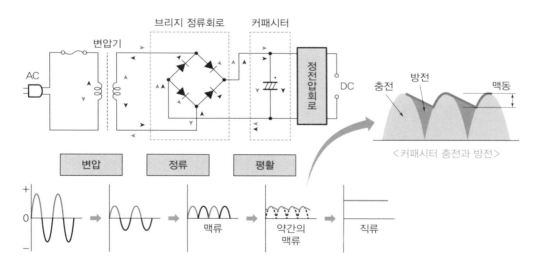

[어댑터의 직류변환 과정]

Q 충전기에 대해서 설명하세요.

A 충전기는 교류를 직류로 변환하여 축전지에 전력을 저장하는 것을 도와주는 장치입니다. 교류는 전기를 저장할 수 없어 직류로 변환하여야 하며, 직류를 축전지에 저장하기 위한 용도로 충전기를 사용합니다. 그래서 보통 건전지나 축전지와 같이 전력을 저장하는 기기(battery)는 직류이며, 이러한 기기에 전력을 충전하기 위해서는 콘센트의 교류를 직류로 변환할 충전기가 필요한 것입니다.

미래에너지

CHAPTER
02

⚡ 주요 Key Word

#미래에너지   #발전에너지원

#전기차   #수소차

Q 발전 에너지원 전망에 대해서 설명하세요.

A 우리나라의 발전 에너지원의 전망은 지금과는 많이 바뀔 것으로 보입니다. 다음 그림([발전량 및 재생에너지 발전의 비중 전망])을 참고하면 2017년 기준으로 석탄과 원자력 발전의 비중이 매우 높은 반면 신재생 발전의 비중은 약 7%대로 매우 낮은 것을 볼 수 있습니다. 하지만 파리기후협약에 따라 이산화탄소 등 온실가스 배출량을 줄이기 위해 우리나라를 비롯한 각 나라에서는 신재생 발전의 비중을 늘려나가고 있습니다.

[발전량 및 재생에너지 발전의 비중 전망]

2017년에 정부에서 발표한 '재생에너지 3020정책'은 청정에너지를 중심으로 2030년까지 재생에너지 발전량 비중을 20%까지 늘린다는 내용입니다. 또한 산업통상자원부에서 2019년에 발표한 '제3차 에너지기본계획(2019~2040)'을 보면 현재 7~8%의 재생에너지 발전비중을 30~35%로 확대하는 내용을 확인할 수 있습니다. 그리고 석탄 발전은 과감히 축소, 원자력 발전은 점진적으로 감축한다는 내용도 포함되어 있습니다. 덧붙여서 우리 정부는 2030년까지 신재생에너지 비중 30%를 목표로 하겠다는 '2030년 온실가스 감축목표(NDC) 상향안'을 2021년 10월에 발표하였습니다.

이러한 내용을 통해 신재생에너지의 비중을 확대하여 환경오염과 기후변화 문제에 대응하며, 친환경에너지로의 전환을 단계적으로 계획하고 준비하고 있다는 것을 전망해볼 수 있습니다.

Q 신재생에너지와 그 전망에 대해서 설명하세요.

A 신재생에너지는 신에너지와 재생에너지를 통칭하는 용어로, 기존의 화석연료 등을 새롭게 변환시켜 이용하거나, 태양광, 강수, 유기물 등을 재생 가능한 에너지로 변환시키는 에너지를 뜻합니다. 재생에너지에는 대표적으로 태양광, 풍력, 수력이 있고 신에너지에는 연료전지가 있으며, 온실가스 감축 및 환경문제가 중요해지면서 신재생에너지의 관심이 높아지고 있습니다.

현재 세계는 신기후체제에 따라 온실가스 감축과 신재생에너지의 보급에 힘쓰고 있습니다. 우선, 파리기후협약은 2020년 만료될 교토의정서를 대체하여 2021년부터 적용될 기후변화협약으로, 교토의정서와 달리 195개국 당사국 모두에게 구속력이 있으며 온실가스 배출량을 꾸준히 감소시켜 이번 세기 후반 이산화탄소 순 배출량을 0으로 만드는 내용입니다. 그에 따라 우리 정부도 2021년 10월에 제시한 '2030년 온실가스 감축목표(NDC) 상향안' 발표를 통해 신재생에너지 비중을 30%까지 끌어올리는 것을 목표로 하고 있어 태양광발전, 풍력발전 등 온실가스 배출이 없는 신재생에너지 발전이 늘어날 전망입니다.

파리협약

파리협약은 2020년 만료되는 교토의정서를 대체할 신(新)기후체제이다. 선진국에만 감축의무를 부과했던 교토의정서와 달리, 195개 당사국 모두가 지켜야 하는 첫 합의로서 지구 온난화의 가장 주요한 원인 중 하나인 온실가스 감축을 통해 지구의 평균온도 상승폭을 산업화 이전에 비해 2℃ 이하로 제한하는 것을 핵심 목표로 하고 있다.

우리나라도 2030년 배출전망치(BAU, 특별한 감축 노력을 하지 않을 경우 예상되는 미래의 배출량 대비 37%를 줄이겠다는 감축 목표를 제출하였다.

Q RPS에 대해서 설명하세요.

A RPS(Renewable energy Portfolio Standard)는 신재생에너지 공급의무화제도로서, 500MW급 이상의 발전설비를 보유한 발전사업자들에게 총 발전량의 일정비율 이상을 신재생에너지를 이용하여 공급하도록 의무화한 제도입니다. 발전사는 직접 신재생에너지 발전설비를 돌리거나 다른 발전사업자로부터 신재생에너지 공급인증서(REC)를 구매해 의무할당량을 채울 수 있습니다. 정부는 신재생에너지 발전 의무비율을 매년 증가시켜 현재 신재생에너지 의무공급비율은 2022년 기준으로 12.5%로 상향되었으며, 2026년까지 25%에 이르도록 단계적으로 설정하였습니다.

Q REC에 대해서 설명하세요.

A REC(Renewable Energy Certificate)는 신재생에너지 공급인증서로서, 태양광, 풍력 등의 신재생에너지로 전력을 생산(발전)했다는 사실을 입증해 주는 인증서를 의미하며 거래가 가능하다는 특징이 있습니다. 그래서 500MW 이상 생산하는 발전사업자들은 신재생에너지 발전설비를 도입하거나 그렇지 못할 경우 개인 신재생에너지 발전사업자의 공급인증서인 REC를 구매해 의무 할당량을 채우는 것입니다. 다시 말해서 신재생에너지 공급의무화제도(RPS)에 따라 총 발전량의 일정부분을 신재생에너지로 충당해야 하며, 부족하면 태양광 등 소규모 발전사업자로부터 REC를 구입해 채워야 합니다.

Q 스마트그리드에 대해서 설명하세요.

A 스마트그리드(Smart Grid)는 말 그대로 똑똑한 전력망을 말합니다. 기존 전력망에 정보통신기술(ICT)을 활용하여 전력생산과 소비정보를 양방향, 실시간으로 주고받음으로써 에너지 효율을 높이는 차세대 전력망을 의미합니다.

아직까지는 전력을 저장할 수 있는 기술의 한계가 있어 전기는 생산과 동시에 소비가 이루어져야 하는 특성이 있습니다. 이에 따라 우리가 사용하는 전기는 혹시 모를 수요과잉에 대비해 최대전력수요보다 더 많이 생산하고 있습니다. 폭염이 잦은 여름에 '발전설비 예비율'이란 말을 뉴스에서 자주 접할 수 있는데, 발전설비 예비율이란 발전소의 정기보수나 고장수리 또는 전력수요 불확실성 등을 고려해 최대수요전력을 생산하고도 남는 여유설비의 비율을 의미합니다. 수요를 정확히 예측한다면 전력 예비율을 낮춰 꼭 필요한 만큼의 전기만 생산하면서 에너지 효율을 높일 수 있을 것입니다. 그렇게 되면 에너지 낭비도 줄이고 발전량 감소에 따른 이산화탄소 배출도 줄여 지구온난화 예방에도 기여할 수 있는데 전력망에 ICT 기술을 융합한 스마트그리드가 주목받는 이유가 여기에 있습니다.

또한 스마트그리드를 통해 기존 아날로그식 전력망 구조에서 디지털로 변화하게 되면 전기요금을 실시간 요금으로 적용할 수 있게 되는데, 그렇게 되면 소비자는 하루 중 전기요금이 저렴한 시간(전력수요가 낮을 때)에 전자제품을 많이 사용하고 전기요금이 비싼 시간대(전력수요가 높을 때)에는 전력소모가 심한 전자제품의 사용을 줄여 전기요금을 절약하고 전력낭비를 막는 데 효과를 볼 수 있게 될 것입니다.

Q 마이크로그리드에 대해서 설명하세요.

A 마이크로그리드(Microgrid)는 주로 섬이나 소규모 지역에서 독립된 분산전원을 중심으로 한 소규모 자급자족 전력망을 말합니다. 스마트그리드가 국가나 도 단위의 광역지역을 범위로 한다면, 마이크로그리드는 소규모 공간에서 전력생산과 소비가 자체적으로 이루어지는 작은 범위입니다.

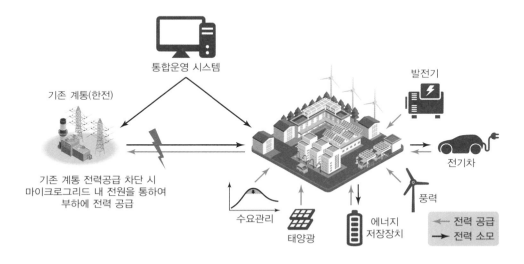

[마이크로그리드 개요 (출처 – 산업통상자원부 보도자료)]

마이크로그리드는 분산형 전원과 ESS(에너지저장장치)를 기반으로 합니다. 분산형 전원의 출력은 외부 환경에 의해 좌우되므로 일정하지 않기 때문입니다. 일조량이 높은 지역에서는 태양광을, 바람이 많이 부는 지역에서는 풍력발전으로 전기를 생산하고, 생산된 전기를 ESS에 저장했다가 전기가 필요한 시기에 공급해 에너지 효율을 높일 수 있게 됩니다. 스마트그리드와 마찬가지로 이 또한 ICT 기술의 융합을 통해 통합제어시스템이 가능해집니다.

그리고 마이크로그리드는 신재생에너지를 활용하기 때문에 친환경적이며, 소규모 지역에 적극 활용될 수 있고, 기존의 중앙집중식 전력망에 의존해 전력을 공급받는 것이 아닌 독립된 분산전원을 중심으로 한다는 가장 큰 특징이 있습니다.

현재 우리나라에서는 가파도, 마라도, 울릉도 등에서 마이크로그리드 사업을 활발히 진행하고 있습니다.

> **더 알아 보기**
>
> ### 태양광발전과 풍력발전의 개념 및 원리
>
> 태양광발전은 태양의 빛에너지를 전기에너지로 변환하는 것을 말한다. 구성은 크게 태양전지 모듈과 전력변환장치로 되어 있는데, 태양전지 모듈이 빛을 받아 직류를 생성하면 전력변환장치를 통해 교류로 변환하여 부하에 공급하는 것이다.
>
> 다음 그림([태양광발전의 원리])을 통해 그 원리를 자세히 알아보자. 태양전지 모듈은 pn접합의 반도체로 되어 있는데 여기에 태양광에너지(빛)가 들어오게 되면 기존의 결합이 깨져 전자가 자유롭게 이동할 수 있는 상태가 되고, 반도체에는 전자와 정공이 생기게 된다. 그러면 n형 반도체에는 전자가, p형 반도체에는 정공이 이동하여 전위차가 발생하게 되고 전류가 흐르게 되는 것이다. 즉, 반도체가 빛을 받으면 전기를 발생시키는 광전효과를 이용한 것이다.
>
> 태양광발전은 태양광(빛)만 있으면 전기를 생성할 수 있으며, 반영구적인 자원으로 공해도 발생하지 않아 신재생에너지 발전의 구성 중 비중을 늘려가고 있다. 하지만 날씨 영향을 많이 받고, 부지 확보에 어려움이 있으며, 전기 생산량의 효율성이 낮다는 단점이 있다.
>
>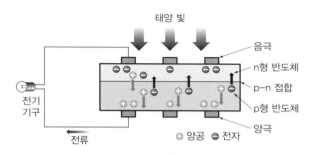
>
> [태양광발전의 원리]
>
> 풍력발전은 바람에 의해 발생한 운동에너지를 전기에너지로 변환하는 방식이다. 구성은 크게 회전날개, 기어박스, 발전기로 되어 있는데, 바람에 의해 회전날개가 회전하면 기어축을 통해 발전기를 회전

시키고 전기에너지가 발생하는 것이다. 바람의 세기에 따라 회전날개의 회전이 빠르거나 느려도 기어박스에서 일정한 회전속도로 변환하여 발전기를 회전시킨다.

풍력발전은 바람을 이용하여 발전하는 방식으로 온실가스 배출이 없는 청정에너지이다. 하지만 바람이 불지 않으면 발전을 하지 못하므로 지역적 제한이 있으며, 꾸준한 발전이 어렵다는 단점이 있다. 또한 회전날개의 소음으로 인해 지역주민에게 피해를 주기도 한다. 그로 인해 최근에는 바다에 풍력발전을 설치하는 해상풍력발전과 신소재의 회전날개 개발로 단점을 극복하려고 노력하고 있다.

[풍력발전의 구조]

Q 수소자동차에 대해 아는 대로 설명하고, 구동원리에 대해 말해주세요.

A 수소자동차는 수소를 연료로 사용하는 자동차입니다. 조금 더 자세히 말하면 수소연료전지로 만들어진 전기를 통해 모터를 구동시켜 움직이는 것인데, 수소를 연료로 사용하는 이유는 수소가 친환경에너지 중에서도 원료가 풍부하고 온실가스 배출이 없기 때문입니다.

다음 그림([수소연료전지의 원리 및 수소자동차의 구조])을 통해 수소연료전지의 원리를 살펴보겠습니다. 수소연료탱크로부터 공급된 수소가 연료전지의 음극에서 촉매를 통해 산화된 후 수소이온과 전자로 분해되어 수소이온은 전해질을 통과하고 전자는 전선을 통해 양극으로 이동합니다. 그러면 전류가 흐르게 되고 양극에서는 외부에서 공급받은 산소, 수소이온, 전자가 물과 열을 발생시키게 되는데 화학반응식으로 나타내보면 수소 반응은 $2H_2 \rightarrow 4H^+ + 4e^-$, 산소 반응은 $O_2 + 4H^+ + 4e^- \rightarrow 2H_2O$로 나타낼 수 있습니다. 이러한 과정에서 발생된 전기로 모터를 구동시키는 것이며, 화학반응의 부산물로 물(H_2O)만 발생하여 친환경적입니다. 현재 온실가스 감축을 위한 정부의 노력으로 수소인프라 확장, 수소충전소 구축 등 수소경제 실현에서 수소자동차의 역할이 커지고 있습니다.

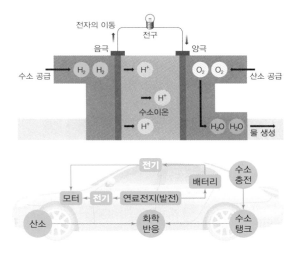

[수소연료전지의 원리 및 수소자동차의 구조]

Q 전기자동차에 대해 아는 대로 설명하고, 구동원리에 대해 말해주세요.

A 전기자동차는 전기에너지를 운동에너지로 이용하는 자동차입니다. 그 원리는 차량 내부의 배터리에서 직류 방전되면 인버터를 통해 교류로 변환되고, 모터에 전기에너지를 공급하여 자동차가 구동하는 방식입니다. 여기서 배터리는 외부의 전원에 의해 충전됩니다. 이 과정에서 전기자동차는 전기에 의해 모터가 움직이므로 내연기관처럼 매연이 발생하지 않아 친환경적입니다. 그렇기 때문에 미세먼지 감소, 온실가스 감축을 위한 정부정책에 적합하며, 현재 보조금 지원을 통해 전기자동차의 보급이 빠르게 진행되고 있습니다.

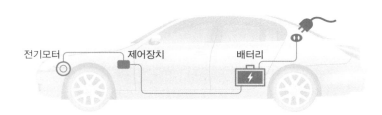

[전기자동차의 구조]

> **더 알아보기**
>
> **수소자동차와 전기자동차의 비교**
>
> 수소자동차와 전기자동차는 친환경 요소에서 미래자동차로 각광받고 있다. 하지만 아직까지는 각각 장·단점이 존재하고 있어 미래에 어떤 자동차가 활발히 보급될지 궁금해진다.
>
> 우선, 수소자동차의 장점으로는 주행거리와 충전시간이 있다. 완충까지 약 5분 정도 소요되며, 완충 시 주행거리는 약 600km로 길다. 그에 반해 전기자동차는 충전시간이 약 40분 정도로 오래 걸리며, 완충 시 주행거리도 약 400km로 비교적 짧다는 단점이 있다.
>
> 전기자동차의 장점으로는 상대적으로 저렴한 차량 가격과 유지비에 있다. 전기자동차의 경우 차량구입비용은 약 4천만 원으로 상대적으로 저렴하며, 운행비용도 심야전기를 이용하면 더욱 낮아질 수 있다. 또한 특정장소 이외에 전기충전소를 구축하면 집에서도 충전을 할 수 있는 장점이 있다. 그에 반해 수소자동차는 차량 내의 연료전지 촉매인 백금이 고가로 차량가격이 약 7천만 원 정도로 비싸다. 또한 아직 수소 생산이 비효율적이어서 수소연료의 가격이 비싸다는 단점이 있다.
>
> 이러한 요소들로 보았을 때 아직까지는 수소자동차와 전기자동차 중 어느 것이 경쟁력이 있다고 판단하기는 어렵다. 하지만 현재까지의 상황을 보면 수소자동차는 장거리 운행에, 전기자동차는 단거리 위주의 운행에 적합한 것으로 볼 수 있으며, 앞으로 두 자동차가 어떻게 발전해 나갈지 지켜봐야 할 것이다.

Q P2G란 무엇인지 설명하세요.

A P2G(Power To Gas)는 풍력, 태양광 등의 신재생에너지를 이용하여 만든 전기를 이용해 물을 전기분해하여 수소를 생산하거나, 생산된 수소를 이산화탄소(CO_2)와 반응시켜 메탄(CH_4) 등의 연료형태로 저장하는 기술을 말합니다.

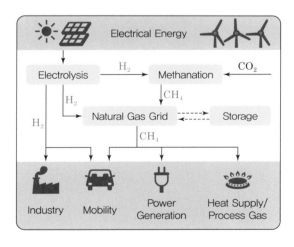

[P2G (출처 – 전력연구원)]

발전소에서 생산한 전력은 생산과 동시에 소비가 이루어져야 하고 일정한 출력을 유지하는 것이 필수입니다. 하지만 재생에너지원인 태양광과 풍력의 경우 외부 환경(불규칙적인 일조량, 바람 세기 변동)에 의한 불규칙적인 발전량이 문제점으로 작용하고 있습니다. 낮이나 바람이 많이 부는 시간 때에는 발전량이 많아 잉여전력이 존재하게 되고, 일조량과 바람이 약할 때에는 전력이 부족한 사태가 발생하기 때문입니다. 그러므로 잉여전력이 발생할 때 P2G 기술을 이용해 수소를 생산한 후 저장하고, 이후 태양광과 풍력 발전량이 적을 때 저장된 수소로 수소연료전지를 가동해 전력을 생산하게 됩니다. 이런 점을 토대로 불규칙적인 발전량의 문제점 해결과 동시에 친환경적인 방식의 기술인 P2G가 주목을 받고 있는 것입니다.

P2G 기술은 배터리 기반의 ESS에 비해 에너지 전환 효율은 떨어지지만, 다음과 같은 큰 장점들을 지니고 있습니다. 먼저 대용량의 에너지를 장기 저장할 수 있다는 점입니다. 현재 대부분의 에너지 저장장치는 전력을 전력 형태로 저장하고 있는데, 2차 전지의 한계가 드러나면서 전력을 가스 형태로 저장하되, 대용량으로 장기 저장이 가능한 P2G가 대안으로 떠오르게 되었습니다. 다음으로는 P2G를 통해 생산된 가스를 천연가스망에 연결할 수 있기 때문에 전력망과 가스망의 유기적인 결합형태가 가능하다는 점입니다. 그리고 이산화탄소의 전환 및 연료화를 통해 온실가스를 저감할 수 있으며, 수소가스를 전기로 다시 바꿀 때 발생하는 폐열을 활용해 경제성을 높일 수도 있습니다.

독일은 P2G 기술을 적극 활용하여 재생에너지 비율을 2020년까지 35%이상으로 끌어올리고, 2050년까지 80%이상으로 높인다는 목표를 가지고 있습니다. 우리나라는 4계절이 뚜렷하여 태양광을 하기에는 일조량이 짧고, 풍력을 하기에는 바람이 약하다는 한계로 인해 태양광, 풍력 등 신재생에너지의 효율이 낮을 수밖에 없는데, 독일의 사례를 벤치마킹한다면 장기적으로 좋은 성과를 낼 수 있을 것이라 생각됩니다.

MeMo

전기바이블 _전기전공 면접편

2023. 1. 3. 초 판 1쇄 인쇄
2023. 1. 11. 초 판 1쇄 발행

지은이 | 김정욱, 최종호
펴낸이 | 이종춘
펴낸곳 | BM ㈜도서출판 성안당
주소 | 04032 서울시 마포구 양화로 127 첨단빌딩 3층(출판기획 R&D 센터)
     | 10881 경기도 파주시 문발로 112 파주 출판 문화도시(제작 및 물류)
전화 | 02) 3142-0036
     | 031) 950-6300
팩스 | 031) 955-0510
등록 | 1973. 2. 1. 제406-2005-000046호
출판사 홈페이지 | **www.cyber.co.kr**
ISBN | 978-89-315-2672-1 (13560)
정가 | **18,000원**

이 책을 만든 사람들
기획 | 최옥현
진행 | 이용화, 오영미
교정·교열 | 이용화, 신현정
전산편집 | 디엔터
표지 디자인 | 디엔터
홍보 | 김계향, 박지연, 유미나, 이준영, 정단비, 임태호
국제부 | 이선민, 조혜란
마케팅 | 구본철, 차정욱, 오영일, 나진호, 강호묵
마케팅 지원 | 장상범
제작 | 김유석

www.cyber.co.kr
성안당 Web 사이트